Проф. Я. Я. Энслен

СВАРКА МЕТАЛЛОВ

Часть I:
Горновая или кузнечная сварка и электросварка методом сопротивления

С 216 рис. в тексте

BERLIN W
Verlag von M. Krayn
(Русское отделение)
1924

От издательства.

Приступая к изданию настоящего труда, издательство учитывает огромную важность вопроса о сварке и ту роль, которую эта последняя играет в современной технике.

Русская техническая специальная литература не может, к сожалению, похвастаться обилием трудов в этой области, в особенности таких, в которых бы достаточно полно исчерпывался соответственный опыт, накопленный за последние годы по этому вопросу заграницей.

В виду обилия материала издательство, согласно желанию автора, наметило выпуск 2-х самостоятельных частей по сварке металлов, отнеся ко 2-ой части способы, не вошедшие в данный том из перечисленных на стр. 6 „Введения".

Считая, что этот труд пополнит вышеуказанный пробел в специальной литературе, издательство надется, что появление настоящей книги будет встречено читателями с должным интересом.

Оглавление.

Отдел 2.

Введение.

Общие данные о сварке металлов.

Сваркой в строгом смысле этого слова называется способ соединения металлов, доведенных нагревом до состояния пластичности под действием внешнего давления, прилагаемого ввиде ударов, или при помощи давящего или обжимающего орудия. Искусство сваривания металлов, повидимому, так же старо, как и способы получения их из руд. В Индии уже с незапамятных времен железо применялось в строительном деле при постройке храмов ввиде балок и колонн, поражающих своей грандиозностью: так, напр., в Дели имеется железная колонна высотой 18 метр. и толщиной внизу 416 мм. и вверху 318 мм., весом свыше 17 тонн. Над поверхностью земли колонна возвышается приблизительно на ⅓ своей длины. По исследованиям д-ра Перси колонна состоит из мягкого железа. Нет сомнения, что колонна сварена из отдельных кусков. Сварка произведена с таким же совершенством, с каким она осуществлятся и в настоящее время.

До второй половины 19-го века малоуглеродистое железо и сталь получали в тестообразном состоянии ввиде сравнительно небольших кусков весом 2—3 пуда. Для получения же более тяжелых масс металла отдельные куски сваривались друг с другом действием удара после нагрева их до требуемой температуры.

Сварка железа и стали, таким образом, была одной из непременных операций в процессе получения железа и стали.

С введением же способов получения железа и стали в расплавленном состоянии по способу Бессемера в 1855 г. и Сименса-Мартена в 1860—1866-тых годах сварка в процессе получения железа и стали утратила свое значение и с тех пор является лишь вспомогательной операцией при исполнении различного рода кузнечных работ.

Явление сваривания металлов в пластичном состоянии их под действием давления являются результатом сближения частиц металла и возникновения действия междумолекулярного сцепления. Непременным условием для осуществления такого сцепления является чистота поверхности металла, т. е. отсутствие каких либо окислов или посторонних элементов, которые могли бы воспрепятствовать тесному сближению частиц. Нагревание является вспомогательной операцией для перевода металла в пластичное состояние, при котором перемещение частиц металла совершается легче.

Опыты Спринга[1]) показали, что металлы соединяются и в холодном состоянии при соответствующем давлении. Для своих опытов Спринг брал различные металлы в порошкообразном виде и подвергал их все возрастающему давлению от 2000—7500 атмосфер. При этом, начиная с некоторого определенного для каждого металла давления, опилки начинали сливаться в однородную массу. Микроскопическое исследование показало, что при этом промежутки между отдельными зернами с возрастающим давлением постепенно уменьшаются и затем исчезают совершенно, так что в результате получается металл, ничем не отличающийся от металла, полученного в расплавленном состоянии. И это явление можно об'яснить тем, что при постепенном сближении частиц металлов начинает действовать междумолекулярное сцепление, которое с достижением нормальной плотности достигает своего нормального значения. Между этим явлением и процессом сварки металлов в состоянии их пластичности существует, таким образом, полная аналогия.

Свариваемостью металла поэтому называется способность соединяться в тестообразном состоянии настолько совершенно, что наступает действие нормальных сил междумолекулярного сцепления или взаимного притяжения частиц металла. Этим свойством обладают различные металлы в очень различной степени; легче всего свариваются металлы, которые пластичны в наибольшем интервале температур, и наоборот. Так, напр., чистое железо сваривается легко, сталь же труд-

---

[1]) См. W. Spring, Analles de chimie et de physique, XXII, стр. 170—217.

нес, вследствие того, что интервал температуры пласичности ее значительно меньше.

Современные методы получения высоких температур при помощи сжигания газовых смесей, применения электричества или пользуясь теплотой образования химических соединений, послужили поводом к возникновению и развитию новых способов соединений металлов, которые также относятся к области сварки металлов.

Некоторые из этих способов отличаются по существу от прежнего метода сварки только тем, что нагревание металла до температуры сварки производится при помощи электричества, самое же соединение осуществляется также приложением внешнего давления.

Другие же способы характеризуются тем, что металл в месте сварки доводится до температуры плавления, и связь между частицами металла осуществляется сплавлением их друг с другом без приложения внешнего давления.

Этим была создана возможность сваривания таких металлов, которые раньше не поддавались сварке, и в настоящее время можно сказать, что нет металла, который нельзя было бы сварить тем или другим способом. Так, прежде считались свариваемыми металлами только железо, сталь, платина, никкель и золото. Сварка алюминия 10 лет тому назад считалась невозможной; в настоящее же время алюминий сваривается легко при помощи электрической сварки.

Следовательно, в современном смысле под сваркой нужно понимать соединение двух раздельных металлических частей в один кусок на основании действий междумолекулярных сил.

Классификация способов сварки.

Несмотря на большое разнообразие средств для осуществления процесса сварки металлов в современном смысле этого слова можно установить в общем четыре главнейших способа сварки:

1. Горновая или кузнечная сварка.
2. Электрическая сварка.
4. Сварка при помощи струи жидкого металла.
3. Автогенная сварка.

Горновая или кузнечная сварка издревле являлась вспомогательной операцией при изготовлении различных кузнечных изделий и основной операцией при производстве сварных труб и сосудов. Этот способ сварки является самым обычным из всех способов сварки, но, несмотря на это, удачное применение его в бо́льшей степени зависит от искусства рабочего, чем это имеет место при других способах сварки; вследствие этого он постепенно вытесняется другими позднейшими способами сварки. Кроме того, он медленнее, а часто и дороже их и с трудом применяется к крупным изделиям. Соединение металла при горновой сварке осуществляется в пластичном состоянии его под действием внешнего усилия, прилагаемого ввиде ударов, или при помощи давящего орудия.

Электрическая сварка сравнительно недавно получила распространение, но в настоящее время способы применения ее настолько усовершенствованы, что она является весьма важным, а вместе с тем и универсальным способом сварки металлов. В зависимости от способа приложения электрической энергии и рода приспособлений можно различать следующие способы электросварки: 1. с использованием тепла, развиваемого при прохождении электрического тока через сопротивляющуюся среду, и 2. с использованием тепла вольтовой дуги. В первом случае электрическая энергия является лишь средством для нагрева металла до температуры сварки, соединение же металлов производится приложением давления, как при горновой сварке; во втором же случае соединяемые части доводятся в месте соединения до температуры плавления, причем происходит сплавление их без приложения какого либо внешнего давления.

Автогенная сварка, как и сварка при помощи вольтовой дуги, достигается сплавлением соединяемых частей изделий под влиянием высокой температуры горения горящей газовой смеси, направляемой в виде острого пламени на место сварки. Как и в случае применения электрической дуги, здесь осуществляется соединение металлов в расплавленном состоянии без приложения внешнего давления. Для получения пламени высокой температуры применяются смеси кислорода с водородом, ацетиленом, блаугазом, светильным газом и др. или парами легко испаряющихся видов жидкого топлива. При сварке металлов пламенем газовой смеси происходит, следовательно, сплавление металлов за счет материала самих изделий или чаще всего введением в сферу действия пламени некоторого количества добавочного металла, близкого по составу к свариваемому и сплавляемого со свариваемыми частями. Термин «автогенная сварка», однако, неточен, так как и электросварка при помощи вольтовой дуги осуществляется точно таким же образом с той только разницей, что для нагрева металла до температуры плавления применяется другой вид энергии. Однако, в практике термин «автогенная сварка» (или самосварка) применяется обычно лишь к сварке при помощи пламени газовой смеси.

Сварка расплавленным металом. При этом способе сварки металлические части, подлежащие сварке, доводятся в месте сварки до температуры плавления струей расплавленного и сильно перегретого металла и сплавляются друг с другом за счет приливаемого металла, удерживаемого на месте до застывания при помощи специально приготовленной формы. Жидкий металл может быть получен обычным путем, т. е. путем расплавления и соответствующего перегрева его, или путем восстановления его из окислов химической реакцией, сопровождаемой достаточным выделением тепла для получения металла в расплавленном и сильно перегретом состоянии. Этот последний путь известен под названием «термитной» сварки вследствие применения особых «термитных» смесей или так наз. «термита» для получения необходимого для этой цели химического взаимодействия. Вследствие необходимости создания особой формы вокруг свариваемых изделий этот способ сравнительно длителен; помимо этого он довольно дорог.

Из вышеизложенного видно, что все способы сварки могут быть разделенны на две категории в зависимости от того, производится ли сварка в пластичном тестообразном состоянии или доводится металл в месте сварки до температуры плавления. К первой категории относятся: горновая сварка, способы электросварки, при которых электрический ток служит для нагрева металла до сварочной температуры, и способы «термитной» сварки, при которых, однако, свариваемый металл не доводится до температуры плавления; ко второй же категории нужно отнести: электросварку при помощи вольтовой дуги, сварку при помощи пламени газовой смеси и способы сварки при помощи расплавленного металла. Для наглядности это представлено в нижеследующей таблице:

Таблица I.

1-ая категория	2-ая категория
Способы сварки металлов в тестообразном состоянии.	**Способы сварки металлов с нагревом выше температуры плавления.**
1. Горновая или кузнечная сварка.	1. Электросварка при помощи вольтовой дуги.
2. Способы электросварки с нагревом металла ниже температуры плавления.	2. Сварка при помощи пламени газовой смеси (автогенная сварка).
3. Способы «термитной» сварки с нагревом металла ниже температуры плавления.	3. Способы сварки при помощи расплавленного металла.

Способы, перечисленные в первой колонне, требуют затраты механической энергии, т. е. обработки металла ковкой, прессованием, прокаткой или волочением, в то время, как способы сварки, перечисленные во второй колонне, не требуют приложения внешнего усилия.

Современные тенденции в развитии способов сварки металлов.

Особенные успехи можно отметить в развитии электрической сварки металлов в период последнего десятилетия.

До сравнительно недавнего времени электросварка представляла собой искусство, и — как это часто случалось в истории развития техники — в данном случае практика опередила науку. Научные исследования были предприняты в этой области только в течение последних лет и выявили уже значительный материал для характеристики различных способов сварки и определения их области применения, а в скором времени обещают дать широкое и исчерпывающее научное освещение и обоснование новому способу соединения металлов, которому, повидимому, суждено в скором будущем вытеснить в значительной мере способ соединения заклепками.

Сильный толчок был дан развитию электросварки в Америке во время войны. Об'ясняется это тем, что во время войны в моменты сильного напряжения народных сил вся промышленность базируется на других основаниях вследствие внезапного изменения общей коньюнктуры. Количество выпускаемых изделий и скорость производства их приобретают важнейшее значение, стоимость же изделий до некоторой степени приобребает второстепенное значение. Новые методы обработки вводятся со скоростью, не применяемой в мирное время, причем известная доля риска является часто необходимостью.

Уменьшение или исключение механической обработки, сокращение до минимума рабочей силы, необходимость использования необученных и мало квалифицированных рабочих, где только возможно, — все эти вопросы приобретают характер первостепенной важности.

Необходмость долгосрочной службы фабрикатов часто отсутствует, и условия приемки и нормы прочности сплошь и рядом должны быть пересмотрены и, где возможно, понижены.

Металлургическая и металлообрабатывающая промышленность со всеми связанными с ней отраслями народного хозяйства приобретают первенствующее значение, так как применение металлов на войне является не только весьма разнообразным, но и решающим при современной технике войны.

Все металлические изделия и сооружения состоят обычно из нескольких, часто из многочисленных отдельных частей, так или иначе соединенных друг с другом. Из различных же способов соединения должен применяться на основании закона экономики всегда тот из них, который имеет преимущество в отношении качества, скорости или количества и стоимости.

При появлении нового конкурирующего способа обработки или осуществления какого либо элемента производственного процесса новым методом, пересматриваются и переоцениваются всегда старые способы, причем удельный вес или относительная важность их часто совершенно меняется. Такой переоценке подвергается в настоящее время способ соединения металлов клепкой после появления нового сильного конкурента — электросварки, вторгающейся во все те области, где прежде применялись исключительно или преимущественно заклепочные соединения, как например, в судостроении, в железных конструкциях, в вагоностроении и в котельных работах.

С большей уверенностью стала применяться электрическая сварка к ответственным частям после широкого и весьма успешного опыта применения ее в американских верфях, при ремонте германских судов, попавшихся в плен к американцам во время войны, на которых часто ответственные части были испорчены немецкими механиками нарочно, чтобы вывести их надолго из строя. Эти надежды немцев, однако, не оправдались, ибо американцы очень быстро справились с ремонтом этих судов, благодаря широкому применению электросварки. Эти работы были лучшей наглядной демонстрацией тех возможностей, которые открываются электросваркой металлов, и, кроме того, доказали экономическую выгодность этого способа соединения металлов.

Согласно данным морского совета соединенных штатов Америка потеряла до 1 сентября 1918 г. в результате германской подводной войны общий тоннаж торгового флота, равный 21.404.913 тоннам, в то время, как количество построенных судов за то же время равнялось 14.247.825 тоннам. Принимая во внимание количество захваченных германских судов, составлявшее до конца 1917 г. всего 3.795.000 тонн, американский торговый флот потерпел все же значительный урон, выразившийся в 3.362.088 тонн.

Такое положение создало повод к учреждению особого сварочного комитета в середине 1917 г. при Главном Инженерном Комитете Совета Национальной Обороны Соединенных Штатов, который затем в феврале 1918 г. перешел в ведение корпорации национального флота, в состав которого вошло около 110 членов, представлявших все учреждения и фирмы, заинтересованные в применении электросварки, преимущественно в судостроении.

Состав Комитета был следующий:

от морского совета	3 чел.
от английского правительства	2 ,,
от различных правительственных учреждений С. Шт.	17 ,,
от корпорации запасного флота	6 ,,
от учебных заведений	4 ,,
от судостроительных фирм	18 ,,
от строителей сварочных устройств	45 ,,
прочие члены	20 ,,
Итого	125 чел.

Благодаря работам этого Комитета электрическая сварка получила быстрое широкое распространение и применение в деле судостроения, вагоностроения и прочих отраслях промышленности.

Изучение электрической сварки металлов признано вопросом национальной и чрезвычайной государственной важности. В самом начале работы Комитета было установлено, что главным условием успешного введения электросварки, в особенности сварки при помощи вольтовой дуги для целей судостроения, является наличие обученного персонала, вследствие чего была создана немедленно грандиозная организация для основательного обучения сварщиков для исполнения различных работ, благодаря чему главным образом и был обезпечен успех работы.

Были организованы инструкторские курсы для подготовки инструкторов, продолжительностью 6 недель, на которые принимались квалифицированные рабочие с практическим стажем не менее 5 лет. Курсы были организованы в 34 местах, причем центрами были следующие пункты: Скенектеди, Бруклин, Кливленд, Филаделфия и Сан-Франциско.

Таким путем в короткий срок было подготовлено 1000 инструкторов из рабочих 71 верфей. Каждый из них мог обучать в год 150 рабочих, причем обучение велось небольшими группами в 6—8 человек (в то время, как в механических цехах на одного инструктора обычно приходится 12—15 рабочих, а в котельно-сборочных 16—20 человек).

Для обучения были установлены особые програмные работы в видах достижения равнокачественных результатов, при чем образцы исполненных работ отправлялись в ближайшие центры для оценки.

Результаты такой систематической и планомерной тренировки рабочих скоро сказались на деле, и методы тренировки, выработанные по плану сварчного Комитета, оказались одинаково применимыми и к другим отраслям металлобрабатывающих производств.

Кроме обучения рабочих главнейшими задачами Комитета было выяснение нижеследующих вопросов:

1. Преимущество и области применения различных способов сварки.

2. Наиболее соответствующий состав электродов. Применимость угольных и металлических электродов.
3. Влияние различных аппаратов при сварке вольтовой дугой.
4. Род электрического тока, дающий наибольшие результаты.
5. Методы распределения энергии и расположения аппаратов.
6. Размеры электродов и способы регулирования силы тока.
7. Типы нормальных соединений для судостроения.
8. Применимость автоматических сварочных машин.
9. Способы сборки листов и соединительных частей.
10. Возникающие внутренние напряжения в металле.
11. Прочность электросварки.
12. Утомляемость соединений.
13. Определение относительной стоимости.
14. Сбережение материалов.
15. Водонепроницаемость соединений.
16. Условия приемки и способы испытания прочности соединений.

Работа Комитета была разбита между целым рядом специальных Подкомиссий по вопросам металлургии, химии, тепловой обработки, электротехники, спектроскопии и света, прочности соединений и психологии.

Результаты, полученные Комитетом, отчасти были опубликованы. Изучение этих материалов убеждает в том, что электросварке суждено сыграть выдающуюся роль в будущем и что необходимо и нам обратить на эту новую область самое серьезное внимание.

Кроме Америки были поставлены большие опыты для исследования и изучения электросварки в Англии, а также и в Германии, где, кстати сказать, до войны она имела уже большее применение, чем в Америке.

Что же касается России, то электрическая сварка металлие, применявшаяся на немногих заводах и железнодорожных мастерских главным образом для исправления различных дефектов и для ремонта, не только не получила бóльшего развития в течение последних лет, но вместе с общим упадком промышленности применение ее стало редким явлением.

Между тем надо полагать, что в недалеком будущем

каждое, более или менее значительное промышленное предприятие должно быть дополнено специальным электросварочным цехом или по крайней мере электросварочным отделением при каком нибудь из существующих цехов, не только для ремонтных, но и для чисто производственных целей.

В развитии автогенной газовой сварки нужно отметить способ Вернера, сущесть которого заключается в нанесении металла отдельными слоями незначительной толщины с последующей проковкой каждого слоя. Способ этот был развит фирмой Фр. Вернер в Кельне-Дельбрюке и получил применение в деле ремонта паровых котлов.

В развитии техники термитной сварки также нужно отметить значительные успехи. Фирмой Электро-Термит в Берлине был развит особый способ соединения рельсовых стыков, представляющий собой комбинацию чисто термитной сварки с горновой сваркой.

Отдел 1.

Горновая (кузнечная) сварка металлов.

Глава I.

Основные принципы горновой сварки.

Общие данные.

Издавна известно, что если два куска железа раскалить до бела, наложить один на другой и проковать, то они свариваются, т. е. соединяются друг с другом.

Явление сваривания об'ясняется тем, что при сильном нагреве металл становится мягким, и поэтому составляющие его частицы, при надавливании друг на друга двух кусков металла, могут сблизиться настолько, что между ними проявляется такая же сила сцепления, как и в целом куске металла.

Нагрев металла является лишь средством для облегчения работы, т. е. для уменьшения давления, необходимого для сближения частиц металла, ибо в состоянии пластичности перемещение частиц металла производится сравнительно легко.

Для возможности возникновения междемолекулярного сцепления и, следовательно, осуществления сварки необходимо, чтобы соединяемые поверхности были совершенно чисты. При нагревании же поверхность металла всегда окисляется вследствие неизбежного присутствия в пламени свободного кислорода. Механическое удаление окислов не достигает цели, так как в разогретом состоянии металлы очень быстро покрываются в воздухе весьма тонким слоем окислов.

Вследствие этого при горновой сварке употребляются особые сварочные порошки или флюсы, которые при температуре сварочного нагрева сплавляются с окислами металла, образуя пленку шлака, предохраняющую металл от дальнейшего окисления. При нажатии соединяемых частей друг к другу этот шлак выжимается, благодаря чему чистые неокисленные поверхности металла легко соединяются друг с другом.

Температура сварки.

Степень нагрева играет чрезвычайно важную роль, ибо при слишком высокой температуре связь между частицами металла может настолько уменьшиться, что металл может не выдержать нажатия и разрушиться.

Температура сварки зависит от рода металла и от его химического состава. Так, напр., содержание углерода в железе оказывает значительное влияние на температуру сварки, и при содержании углерода более 1,5% способность свариваться теряется.

Влияние углерода на температуру сварки происходит от понижения температуры плавления железа при увеличении содержания углерода.

Температура сварки железо-углеродистых сплавов зависит поэтому от содержания углерода. Когда мы имеем дело с железом, то температура сварки лежит в пределах 1300—1500°, т. е. — в области температуры белокалильного жара; для сварки же стали температура лежит между 1200—1300°, в зависимости от состава ее, т. е. в области оранжевого жара.

При сварке железа со сталью поэтому всегда имеет место как бы некоторый перегрев стали, который при соблюдении необходимой осторожности легко может привести к неудачной сварке.

В случае твердой стали температура сварки лежит близко к точке плавления ее, и поэтому сварка ее представляет особенное затруднение.

Сварка двух металлов с различными температурами плавления представляется почти невозможной. Например, железо и медь возможно соединить сваркой, но соединение получается не особенно прочным, вследствие того, что на месте соединения образуется довольно хрупкий сплав.

Влияние химического состава на свариваемость железа и стали.

Кузнечной сварке легче всего поддается хорошее мягкое мартеновское железо, так как оно менее всего чувствительно к перегреву и имеет минимальную склонность к образованию трещин при температуре синеломкости. Из этих соображений содержание фосфора должно быть возможно меньше, а именно менее 0,01% и отнюдь не более 0,04%, так как при этом железо обладает незначительной синеломкостью[1]).

Большое содержание серы делает железо красноломким, т. е. хрупким при красном калении. Вредное влияние серы поэтому сказывается не при самом процессе сварки, а при дальнейшей проковке сваренного места при охлаждении металла до красного каления.

Большое содержание марганца уменьшает свариваемость железа, однако, содержание его должно быть не менее определенного предела, так как при недостаточности марганца железо делается красноломким. На основании имеющихся опытных данных можно принять, что нижний предел содержания марганца лежит окало 0,4%. Более высокое содержание марганца по данным Дигеля делает железо менее чувствительным к перегреву и поэтому является полезным. Кремний действует в обратном смысле и поэтому вреден, если содержание его превышает 0,01%. При бóльшем содержании кремния его вредное влияние может быть уничтожено более высоким содержанием марганца.

С повышением содержания углерода понижается свариваемость железа. При малом содержании фосфора и серы железо сваривается хорошо при содержании углерода равном 0,2—0,3%. При более высоком содержании углерода свариваемость быстро падает и прекращается, когда содержание его доходит до 1,5%.

---

[1]) **Хладноломкость, вызываемая фосфором, не имеет значения для процесса сварки. Что же касается вопроса образования трещин при температуре синеломкости, то следует заметить, что наибольшая хрупкость литого железа наступает по опытам проф. Мартенса при температуре около 300° С.; пределами температуры синеломкости могут быть 200—450° С. Образование трещин при этой температуре главным образом вызывается резкими ударами о поверхность металла, как это имеет место и необходимо при правке.**

Дигель[1]) устанавливает следующие пределы содержания главнейших элементов в литом железе с хорошей свариваемостью:

углерода 0,2 до 0,3% (но отнюдь не более 0,5%),
кремния не более 0,2% (предпочтительно полное отсутствие его),
марганца 0,7 до 0,8%. При содержании кремния не менее 0,05% марганца достаточно иметь 0,6%,
фосфора по возможности не более 0,03% (в крайнем случае 0,05%),
серы по возможности не более 0,04% (в крайнем случае 0,05%).

Что касается действия меди, то до настоящего времени еще не было произведено достаточно опытов для полного освещения этого вопроса, однако, есть основание полагать, что медь увеличивает красноломкость железа.

О влиянии перегрева и пережога при сварке железа будет сказано в дальнейшем в главе «о прочности горновой сварки».

При приварке или наварке высококачественных или дорогостоющих сортов инструментальной и быстрорежущей стали к обыкновенной стали или железу необходимо иметь в виду различную температуру плавления этих металлов и различное содержание примесей, колеблющееся в значительных пределах.

Подобные работы, имеющие целью сбережение и экономное расходование дорогостоющих сортов стали, обладающих выдающимися режущими способностями, получили большое распространение в последние годы с введением быстрорежущей и самозакаливающейся стали.

Свариваемость стали различна в зависимости от химического состава, причем для руководства могут служить следующие данные:

Марганцевистая сталь: Вследствие большого химического сродства марганца и кислорода марганцевистые стали поддаются сварке с трудом.

Хромистая сталь: Свариваемость хромистых сталей очень низка.

---

[1]) C. Diegel, Das Schweißen und Hartlöten, стр. 5.

Вольфрамовая сталь: свариваемость вольфрамовой стали также незначительна. Сварка удается при применении сварочного порошка, состоящего из смеси буры и чистых железных опилок даже при значительном содержании вольфрама.

Ванадиевая сталь: свариваемость незначительна вследствие большого сродства ванадия и кислорода.

Амониевая сталь: свариваемость стали, содержащей аммоний, очень низка.

Никкелевая сталь: никкелевые стали по свариваемости близки к углеродистой стали.

Быстрорежущая сталь: вследствие легкой окисляемости в присутствие свободного кислорода в пламени быстрорежущая сталь сваривается плохо.

Выше было упомянуто, что температура сварки углеродистой стали лежит между 1200° и 1300° С. Для отдельных сортов стали правильный нагрев для сварки может быть определен по цветам каления следующим образом:

1. для твердой стали — начало желтого каления,
2. для мягкой и средней твердости стали — желтое каление до матового белого каления,
3. для быстрорежущей стали — белое каление,
4. молибденовая сталь — в момент сварки должна быть нагрета не выше 900° С, т. е. до желтого каления.

В общем можно считать, что если при вынимании стали из огня от стали отделяются искры, то это является признаком перегрева ее.

Условия совершенства сварки.

Совершенство сварки зависит главнейшим образом от двух причин:

1. от чистоты материала в смысле отсутствия легко окисляющихся примесей,
2. от предохранения свариваемых поверхностей от окисления во время сварки, т. е. от совершенства изоляции их от воздуха.

Первое условие выполнимо в редких случаях, второе же зависит от тщательности выполнения работы. Для достижения прочного соединения требуется, чтобы две соединяемые части были прижаты друг к другу с большей или меньшей силой, что вызывает неизбежность местной деформации; поэтому концы, поддежащие сварке, должны быть предварительно утолщены. С другой стороны, для того, чтобы при нажатии одного куска на другой, шлак, образуемый плавлением, мог удалиться совершенно, поверхностям, предназначенным для сварки, придают сфероидальную форму (фиг. 1) или делают их выпуклыми (фиг. 2).

Из вышесказанного можно сделать вполне обоснованное заключение, что индивидуальность рабочего имеет весьма важное значение при исполнении сварочных работ и что при применении одного и того же материала и выполнении вполне идентичной работы результаты сварки могут оказаться весьма разнообразными не только у различных сварщиков, но даже и у одного и того же сварщика.

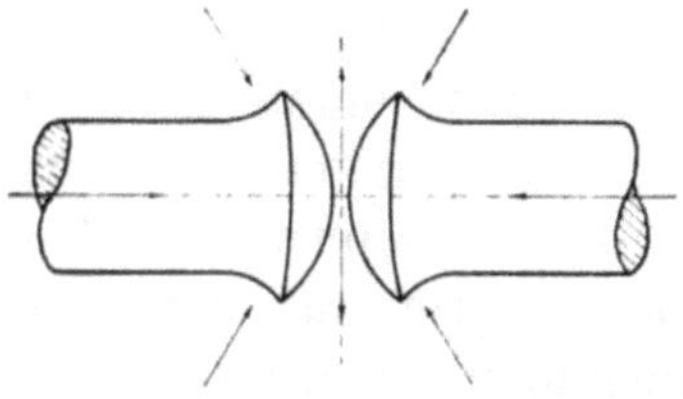

Фиг. 1.

Фиг. 2.

Придание свариваемым поверхностям сфероидальной формы, способствующей полному удалению шлака.

Это подтверждается многочисленными исследованиями. Напр., были произведены опыты А. Л. Бабошиным[1]), заключавшиеся в том, что было взято 5 пар штанг тягового железа (идущее на изготовление тяговых приборов) одинаковых достоинств. Материал, взятый для проб, дал при испытании на разрыв: временное сопротивление на разрыв $=39{,}1$ и удлинение $=24{,}2\%$.

Штанги были сварены горновой сваркой в обычных условиях, при которых на заводе ведется сварка тяговых приборов. Из середины сваренных штанг (диам. 52 мм.) были вырезаны круглые разрывные образцы диам. 20 мм. при длине 200 мм. таким образом, что место сварки приходилось примерно по середине образцов.

[1]) **А. Л. Бабошин, Металлография и термическая обработка железа, стали и чугуна. Часть 2, стр. 139, изд. 1.**

Испытание на разрыв этих образцов дало следующие результаты:

№ образцов	Временное сопротивление на разрый кг./мм.²	Удлинение %
1	20,3	2,0
2	36,3	8,3
3	37,6	23,6
4	7,0	1,0
5	33,4	9,0

Отсюда мы видим, что качество сварки может в сильной степени колебаться, несмотря на применение однородного сырого материала, при одинаковых размерах свариваемых частей и одинаковых условиях работы (на том же заводе).

Наряду с прекрасным результатом, каковой обнаружился в образце № 3, получился совсем плохой результат для образца № 4. В образце № 3 сопротивление на разрыв и удлинение почти не понизилось по сравнению с цельным материалом; разрыв в этом образце произошел даже не по месту сварки, а вне этого места по цельному металлу. В остальных образцах, особенно № 4 и 1, наблюдается сильное понижение, как сопротивления на разрыв, так и удлинения, причем разрыв произошел неизменно по месту сварки. Происходит это главным образом вследствие несовершенства удаления образующихся во время нагревания окислов. Часто окислы видны в разрезе простым глазом.

Сварка производилась со скашиванием концов (лаской) примерно под углом 30—45° к продольной оси при соответствующем нагреве и под ударами парового молота. Все это свидетельствует о том, что сварка является операцией, зависящей в значительной степени от искусства, внимания и опытности рабочего. При несоблюдении всех мер предосторожности очень легко получаются неудовлетворительные результаты.

Из вышесказанного можно сделать заключение, что сварка может считаться *совершенной и надежной только тогда, когда она выполняется опытными рабочими, постоянно занятыми этой работой и обладающими, поэтому, необходимым навыком, и под руководством опытного в этом деле технического персонала.*

Медленное охлаждение после сварки следует предпочесть быстрому охлаждению во избежание возможности возникновения трещин в материале следствие внутренних напряжений.

Сварочные порошки для железа и стали.

Сварочные порошки, применяемые для различных металлов, должны образовать с окислами металла (окалиной) жидкий шлак при температуре сварки соответствующего металла. Они представляют собой смеси различных соединений кислотного и щелочного характера. Чем больше количество соединений, входящих в шлак, тем ниже его температура плавления.

Для сварки железа чаще всего применяют чистый сварочный кварцевый песок (кремнезем — SiO_2); при возрастании содержания углерода употребляют более легкоплавкий глинистый песок. Более легкоплавкие сварочные порошки содержат обычно: буру, поташ, соду, поваренную соль, нашатырь, плавиковый шпат, перекись марганца, стекло, борную кислоту и проч. Все эти примеси имеют цель понизить температуру плавления, облегчить поглощение окислов металла и предохранить поверхность металла от дальнейшего окисления посредством образования покрова из расплавленного шлака.

С другой стороны, в состав сварочных порошков для сварки стали часто входят соединения, содержащие углерод для восполнения углерода, выгорающего отчасти при продолжительном нагреве стали. Таким соединением чаще всего служит желтая кровяная соль.

Кроме того к сварочным порошкам часто примешиваются мелкие опилки мягкого железа (следует избегать чугунных или стальных опилок).

Примесь железных опилок оказывает весьма хорошее действие, в особенности при сваривании больших поверхностей. Железные опилки, находясь в мелко измельченном виде, быстро достигают необходимой температуры сварки, что облегчает работу, в особенности при сварке стали со сталью. Процесс как бы напоминает твердую спайку, при чем припоем служат железные опилки.

Для облегчения сварки железа и стали (будь это железо с железом или со сталью, или сталь со сталью) C. Codron [1]) рекомендует применение следующих порошков:

а) 500 грамм буры; 70 гр. нашатыря; 70 гр. желтой кровяной соли; 35 гр. железных опилок.

б) 30 гр. канифоли; 30 гр. квасцов; 10 гр. поваренной соли; 150 гр. нашатыря; 300 гр. борнокислого натрия; 20 гр. цинкового купороса.

S. Schiefer и E. Grün [2]) рекомендуют при сварке стали со сталью, быстрорежущей стали с обыкновенной сталью или железом следующие составы, как испытанные ими на практике:

а) 5 частей буры (измельченной),
2 части чистых железных опилок;

б) 3 части буры (измельченной),
2 части перекиси марганца,
1 часть измельченного стекла,
2 части чистых железных опилок.

Бура при нагревании сильно вздувается вследствие выделения кристаллической воды. Поэтому рекомендуется расплавить ее предварительно в сосуде и остудить, причем она застывает ввиде стекловидной массы, которая при остывании измельчается в порошок. Температура плавления безводной буры лежит около 740° C.

Иногда сварочные порошки наносятся ввиде пасты, в состав которой входят те же элементы.

Цементирующие порошки для стали.

Для того, чтобы уничтожить возможное при производстве сварки обезуглероживание внешней поверхности предмета, можно после обработки молотом посыпать охладившееся до темно-красного каления место сварки тонким, равномерным слоем цементирующего порошка. Для этой цели может быть применен следующий состав:

---

[1]) C. Codron, Procédées de Forgeage dans l'Industrie, стр. 228.

[2]) J. Schiefer & E. Grün, Lehrgang der Härtetechnik, 2 изд., стр. 182.

1 часть кальцинированной соды,
4 части синеродистого кали,
2 части мелкой поваренной соли,
1 часть порошка древесного угля и небольшое количество гуммиарабика.

Горновая сварка других металлов.

Сварка меди, так же как и алюминия, удается с большим трудом вследствие близости пределов температуры сварки и температуры плавления и большого сродства их к кислороду в нагретом состоянии.

Сварка алюминия при помощи горновой сварки удается только при большом навыке. Для сварки его употребляются различные патентованные сварочные порошки.

Вследствие низкой температуры плавления алюминия и трудности растворения окислов алюминия в состав сварочных порошков входят легкоплавкие хлористые и фтористые соединения. Рекомендуется употребление смеси из равных частей криолита и хлористого бария. Криолит представляет собой соединение натрия, алюминия и фтора ($Na\,Al\,F_6$) и довольно легкоплавок.

Сварка алюминия была впервые применена фирмой Hergens в Ганауе в 1900 году. Способ этой фирмы заключается в том, что при определенной температуре шлак удаляется искусными ударами молотка. По этому способу фирма изготовляет большие алюминиевые сосуды для пивоваренных заводов и проч.

Несколько лет спустя Акц. Общ. автогенной сварки в Цюрихе взяло патент на сварочный порошок, содержащий, как активные составные части, фтористый натрий и хлористый натрий.

Способы производства работы.

Типы соединений.

Из вышеизложенного следует, что для осуществления хорошей сварки необходимо выполнить следующие условия:

1. соединяемые части должны быть утолщены, для того, чтобы после проковки место соединения имело требуемые размеры;

2. форма поверхностей, подлежащих сварке, должна обеспечивать возможность полного удаления плавня при нажатии;
3. нагрев должен быть равномерный по всей поверхности сварки и
4. температура нагрева должна соответствовать свойствам свариваемого металла.

Поэтому начинают работу с высаживания соединяемых концов и придания им соответствующей формы.

Для того, чтобы в момент сварки соединяемые части не могли скользить одна по другой под действием ударов молотка, на скошенных поверхностях иногда делают по одной или несколько насечек. Затем удаляют образовавшуюся окалину при помощи молотка или драчевой пилы.

После этого нагревают оба конца в чистом пламени, если возможно, то лучше в пламени древесного угля, до такой степени, насколько позволяет это обрабатываемый материал, не подвергая его опасности пережигания.

Слой топлива следует держать таким, чтобы по возможности гарантировать себя от возможности проникновения свободного кислорода к нагреваемым поверхностям и, таким образом, предохранить поверхности от окисляющего действия кислорода воздуха.

Во время нагревания посыпают место сварки достаточным количеством сварочного порошка, не вынимая нагреваемый предмет из огня. Для этой цели применяется железная ложка с длинной ручкой.

Когда обрабатываемые куски стали получают требуемый нагрев, их вынимают и погружают в сварочный порошок, который всегда должен находится под рукой близь огня в железном ящике, затем быстро накладывают один кусок на другой требуемым образом и соединяют сначала при помощи легких ударов ручным молотком, а затем, по мере охлаждения и затвердевания металла, большим ручным или паровым молотом. Соединение частей может быть произведено также при помощи пресса.

При сваривании стали с железом необходимо принимать во внимание, что температура сварки для железа выше, чем для стали; поэтому класть в огонь нужно сначала железо, а потом сталь. Можно употреблять также для нагревания два различных источника тепла; так, напр., можно сталь нагревать древесным углем, а железо коксом, который дает более интенсивный жар, чем древесный уголь. При этом, однако, нужно следить за тем, чтобы кокс хорошо обгорел до помещения в него металла. Применение в качестве горючего каменного угля допускается при незначительном содержания в нем серы.

Процесс сваривания железа со сталью в общем одинаков со сваркой стали со сталью.

Если соединяются два достаточно толстых куска, то также рекомендуется расщеплять железный конец и вставлять в него заостренный в виде клина конец стального куска.

Такой способ применяется, между прочим, если нужно наварить сталью лезвие топора, рабочую часть молота, или при приварке сломанных сверл к железному стежню.

В зависимости от формы соединения частей при сваривании, раличают следующие способы сварки:

1. Сварка в накладку.

При сварке в накладку (фиг. 3) один конец просто накладывают на другой без придания им особой формы и под действием быстрых ударов производят соединение. Сварка

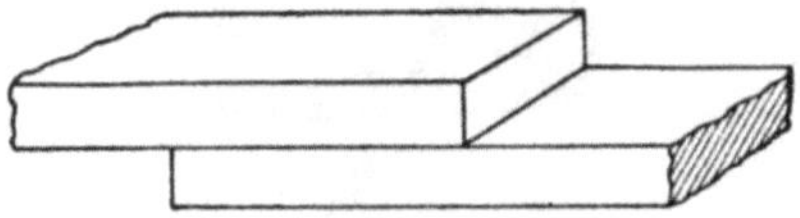

Фиг. 3. Сварка в накладку.

в накладку применяется для плоских сечений сравнительно тонкого материала, как, напр., при изготовлении шин, колец и сварки листов при производстве резервуаров и труб значительных диаметров.

2. Сварка со скашиванием концов (лаской).

Применяется для сваривания более толстых сечений в особенности подосового материала при соединении под углом для изготовления угольников, рам, переплетов и проч. Сначала высаживают концы, затем их скашивают и скошенным поверхностям придают сфероидальную форму (фиг. 4) для того, чтобы при наложении друг на друга они пришли в соприкосновение сначала в центральной части, и затем при

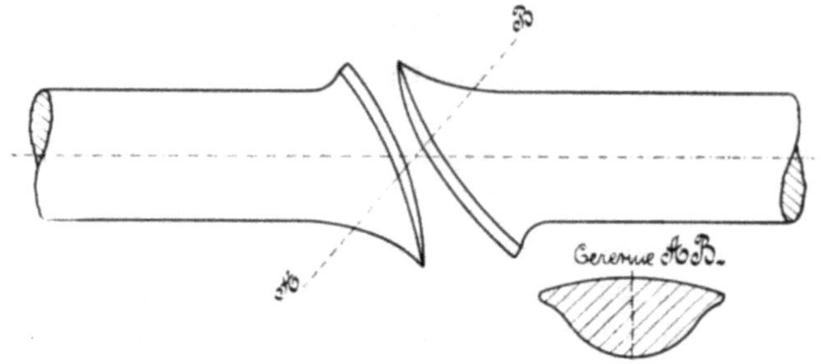

Фиг. 4. Сварка со скашиванием концов (лаской).

нажатии соприкосновение постепенно увеличивалось по направлению к окружности. При этом все шлаки от сдавления плавней с окислами металла будут вытеснены, и поверхности соприкосновения получатся чистыми.

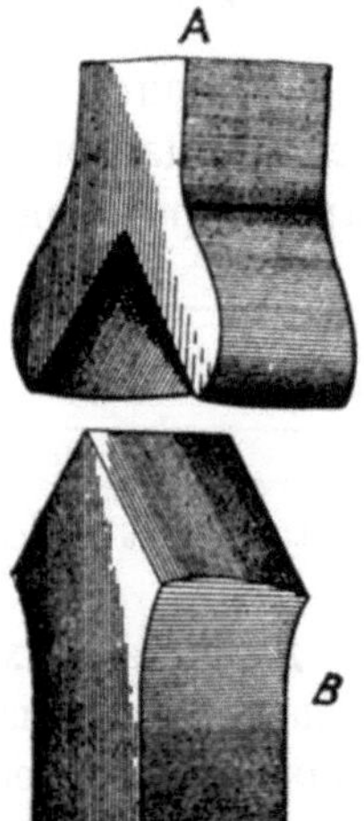

Фиг. 5. Сварка в паз.

3. Сварка в паз.

Для этого концы одного куска (А) расщепляют в виде вилки (фиг. 5); другой же конец заостряют и защемляют в первый. Чтобы усилить захватывание в момент сварки, конец (В) снабжается иногда насечкой.

Сварка в паз применяется в большинстве случаев при сварке стали с железом, для приварки наконечников пик, для приварки стальных сверл и буравов (для бурения горных пород) к стержням из мягкого материала и вообще во всех случаях, когда требуется большая прочность соединения (связи при постройке мостов).

4. Сварка со вставкой клина.

Когда от изделия требуется, чтобы оно после сварки имело определенные размеры, например, при сварке лопнувшего кольца (фиг. 6), то приходится после скашивания

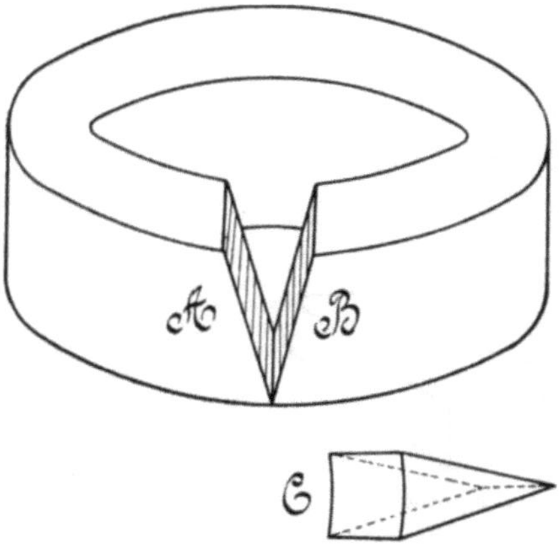

Фиг. 6. Сварка со вставкой клина.

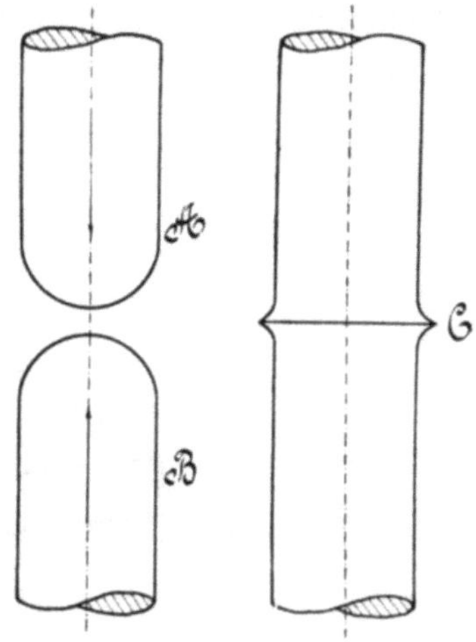

Фиг. 7 и Фиг. 8. Сварка в стык.

концов A и B, вварить клин C, который дает возможность, очень точно получить требуемый размер. Так как при сварке всегда приходиться считаться с угаром металла на месте сварки, то такой способ сварки имеет применение во всех тех случаях, когда желают, чтобы сварка по возможности не оказала влияния на размеры изделия.

5. Сварка в стык.

(Фиг. 7 и 8.) Для сварки в стык концы полос закругляют, нагревают до температуры сварки и надавливают друг на друга. После сварки полоса имеет вид (C).

При этом способе шлак, образуемый от сплавления плавней с окислами, имеет возможность легко удалиться, и сварка поэтому достигается очень надежная.

Сварка в стык применяется для толстых сечений, в особенности при неправильных формах, требующих предварительного высаживания, а также в случае необходимости удлинения имеющихся в распоряжении заготовок значительных размеров, как, напр., валов.

6. Сварка торцом.

Сварка торцом представляет собой частный случай сварки в стык, когда более тонкая часть (В) приваривается к более массивной части (А) (фиг. 9).

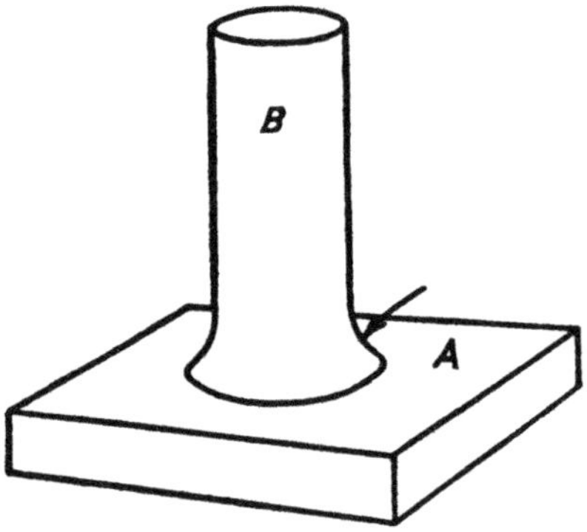

Фиг. 9. Сварка торцом.

В таких случаях деформации подвергается при нажатии или ударе преимущественно более тонкая часть в месте присоединения ее к более массивной части. Для получения прочного соединения следует более тонкой части придать предварительно выпуклую форму, как при сварке со скашиванием концов, для обеспечивания полного удаления шлаков.

7. Наварка.

Наварка стали на железо применяется там, где железо недостаточно твердо, а замена его сталью нежелательна.

Так, например, практикуется наварка стальных пластинок (В) на рабочей поверхности наковален, бабок для отбивки кос (фиг. 10—12), молотков и пр. Для усиления связи стальные пластины зарубают, и таким образом зазубрины (С) при сварке в'едаются в железо.

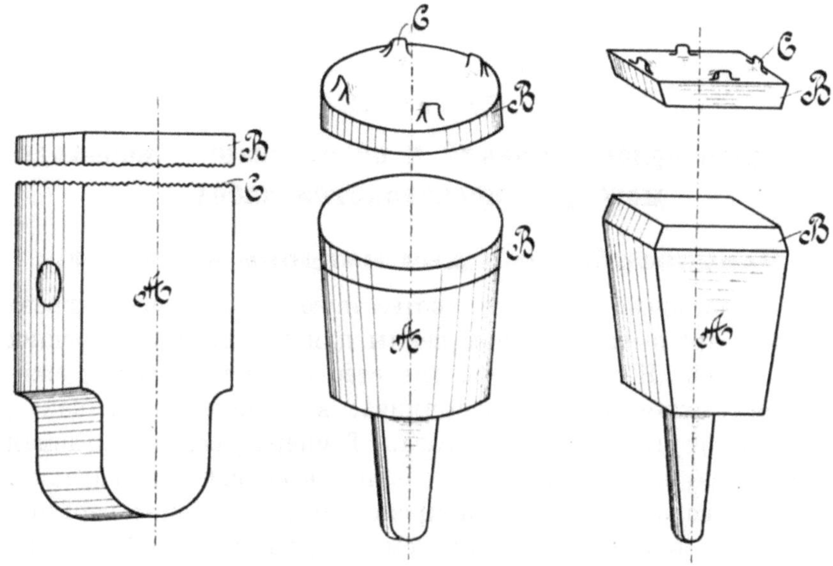

Фиг. 10. Фиг. 11. Фиг. 12

Наварка стали на рабочей поверхности инструмента.

Иногда и целые полосы и плиты из железа навариваются сталью (насталивание, плакирование), при чем тесное сближение частиц достигается либо проковкой, либо прокаткой

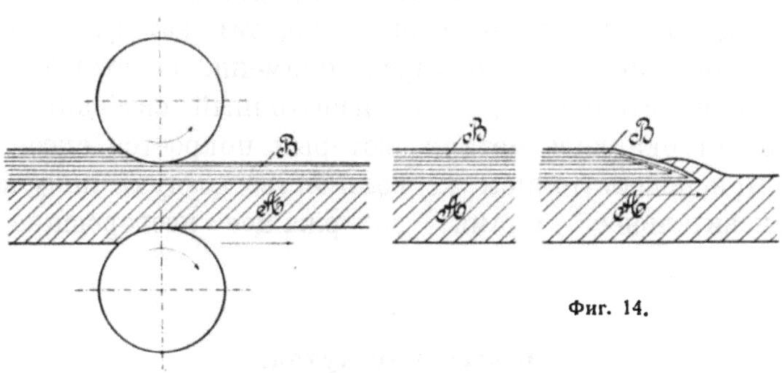

Фиг. 14.

Фиг. 13.

Наварка стали на железо прокаткой.

(фиг. 13). Для облегчения начала сварки конец полосы стали (В) заваривают, как показано на фиг. 14, в зарубку на железной полосе (А).

С развитием сталелитейного дела и усовершенствованием способов цементации, т. е. обуглероживания железа с поверхности, наварка стали применяется в более редких случаях.

Глава II.

Описание приспособлений и оборудования, необходимого для производства работ.

Приспособления для нагрева металла.

Правильный способ и соотвествующая степень нагрева металла чрезвычайно существенны для достижения хороших результатов. Необходимое количество тепла получается сжиганием различных сортов топлива: каменного угля, кокса, древесного угля, нефти и газа. Температура, достигаемая при горении, зависит от степени интенсивности горения, т. е. от скорости, с которой происходит соединение горючих элементов, топлива с кислородом воздуха, и от избытка последнего над теоретически потребным количеством его; количество же тепла зависит от количества сгоревшего топлива и от теплотворной способности его. Для достижения необходимой для целей сварки интенсивности горения естественная тяга недостаточна, почему применяются различные горны и печи с искусственным дутьем. Регулированное количество воздуха имеет существенное значение, так как при избытке воздуха понижается температура пламени, и последнее делается «окислительным», т. е. избыточный свободный кислород будет окислять металл, который покроется слоем окалины; при недостаточном же количестве воздуха получается «восстановительное» пламя, содержащее несгоревшие частицы.

Получение дутья.

Дутье получается в примитивных кузницах при помощи кузнечных мехов, обычно же от вентиляторов. Давление воздуха должно быть достаточно для осуществления интенсивного горения. Обычно оно колеблется в пределах от 80 до 160 мм. водяного столба в зависимости от рода топлива: меньший предел для древесного угля, больший — для каменного угля; для кокса достаточно давления около 100 мм. Количество воздуха, необходимое для горна, зависит от размеров горна, т. е. от количества топлива, которое сжигается в час. Избыток воздуха в кузнечных горнах обычно не менее 100%.

На фиг. 15 представлен центробежный вентилятор современной конструкции фирмы *Kühnle, Kopp & Kausch* в Франкентале, Германия *(Pfalz)*, для привода от трансмиссии.

Конструкция состоит из чугунного кожуха, свинченного из двух половин, внутри которого помещается лопастное колесо, приклепанное к муфте, сидящей на стальном валу, покою-

Фиг. 15. Центробежный вентилятор.

щемся в двух подшипниках с автоматической кольцевой смазкой. Лопастное колесо состоит из металлического диска, к обоим сторонам которого прикреплены лопатки. Форма лопаток и кожуха подобрана таким образом, чтобы потери на трение воздуха были минимальными. Вентиляторы этой конструкции работают с коэффициентом полезного действия до 70%.

На фиг. 16 изображен вентилятор этой же фирмы, соединенный непосредственно с электромотором. Фундаментная рама мотора составляет одно целое с кожухом вентилятора, благодаря чему обеспечивается правильность действия аггрегата.

В нижеследующей таблице приведены данные о мощности, числе оборотов и потребляемой энергии вентиляторов описанного типа при различном давлении воздуха:

Размер №	100 мм. вод. стояба			150 мм. вод. столба			200 мм. вод. столда		
	Q	n	N	Q	n	N	Q	n	N
NG I	12	2650	0,43	14,5	3250	0,78	17	3750	1,22
NG II	16	2190	0,565	19,5	2650	0,1	22,5	3100	1,6
NG III	24	1960	0,835	29,5	2400	1,55	34	2770	2,35
NG IV	36	1715	1,23	44	2100	2,25	51	2425	3,5
NG V	55	1480	1,85	67	1815	3,4	78	2100	5,25
NG VI	93	1240	3,1	114	1520	5,7	131	1750	8,75
NG VII	126	1055	4,15	154	1295	7,6	178	1500	11,7

Фиг. 16. Центробежный вентилятор с электромотором.

В этой табице Q означает количество воздуха, даваемое вентилятором в минуту, в куб. метрах; n — число оборотов в минуту, N — мощность в эффективных лош. силах.

Простой открытый кузнечный горн.

На фиг. 17 представлен кузнечный горн, сложенный из кирпичей. Эта конструкция, употреблявшаяся прежде почти исключительно, и в настоящее время пользуется еще большим распространием вследствие своей простоты. Топливо сжигается в очаге (A) — особом углублении в верхней части горна, в который вдувается воздух по трубопроводу (B) через чугунную форму (R) и сопло (C). Для возможности регулирования количества воздуха или прекращения притока его должен быть предвиден клапан или задвижка. Подобные горны часто устраиваются у наружной стены здания, в которой прокладывается дымоход (D), служащий для отвода дыма, улавливаемого зонтом (E). Для чистки дымохода в нижней части его устраивается люк (F), закладываемый кирпичем. Очаг выложен огнеупорным кирпичем (G), а стенка его, через которую вдувается воздух, защищается чугунной плитой (H); остальная же часть горна выкладывается из простого кирпича, причем для сбережения кирпича оставляется пустое пространство (K), перекрываемое сводом или металлической плитой, которое может быть использовано

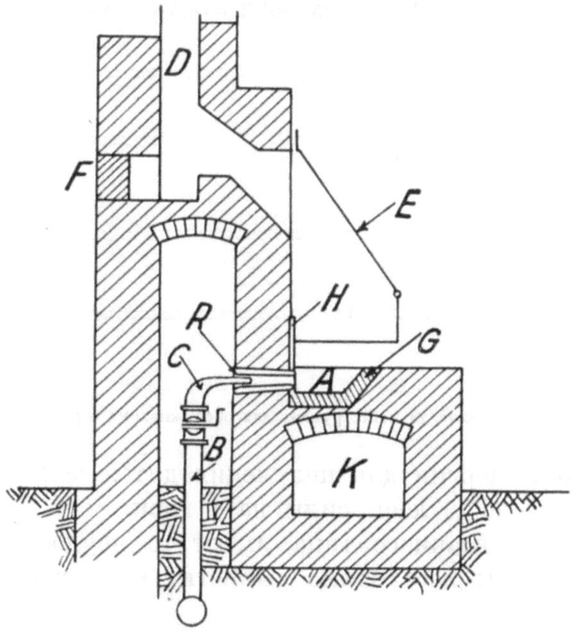

Фиг. 17. Обыкновенный кирпичный кузнечный горн.

для складывания топлива. Для охлаждения инструмента и смачивания угля в целях достижения лучшего спекания его устраивается корыто для воды.

На фиг. 18 и 19 представлен инструмент для обслуживания кузнечного горна, а именно для шуровки, смачивания угля и насыпки сварочного порошка.

Профессор Тимс разделяет горны на 4 группы по величине и дает для них нижеследующие данные [1]):

---

[1]) Проф. И. Тимс. Основы машиностроения, том II, стр. 196.

Таблица II.

Разряд горна	Расход горючего материала кгр. в час	Диаметр сопел при:		Количество воздуха потребн. в 1 мин. куб. м.		Место, занимаемое, горном кв. метров.	Вес наковальни при горне кгр.
		каменном угле мм.	древесном угле мм.	каменный уголь	древесный уголь		
Самые малые	1,5—3	20—25	25—30	Около 1,4	1,5	1	15—30
Малые . . .	3—7,5	25—30	35—40	2,2—2,8	2,2—2,8	1,8	38—60
Средние . .	7,5—15	30—40	50—65	3,3—4.2	4,2—5,6		75—108
Большие . .	15—30	50—65	75—90	5,5—8,5	8,5	2,7	150—225

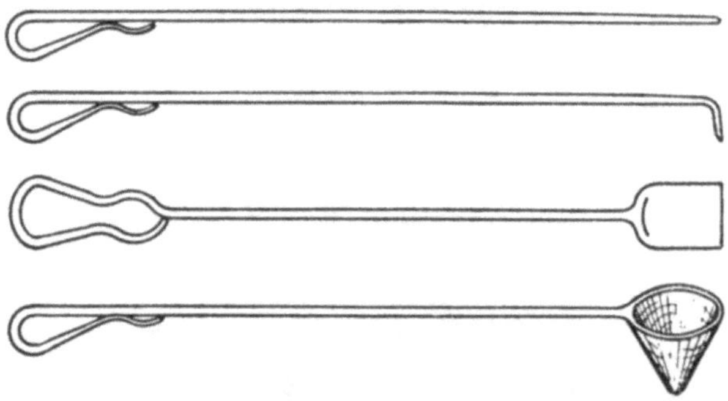

Фиг. 18. Инструмент для обслуживания горна.

Расход энергии для получения дутья колеблется в пределах от ¼ до ½ лош. силы на 1 горн.

Горны описанного типа имеют то неудобство, что для удаления золы необходимо вычистит весь очаг. При этом,

Фиг. 19. Инструмент для обслуживания горна.

теряется значительное количество горючего, вследствие невозможности полного отделения его от золы. Кроме того и расходы на ремонт горна значительны.

Поэтому в последнее время все большее распространение получают горны металлические, как стационарного, так и переносного типа. Они более удобны, чем кирпичные, так как отдельные части делаются разборными и легко могут быть заменены новыми при порче их.

Американский чугунный кузнечный горн.

На фиг. 20 представлен подобный горн, соединенный непосредственно с электрическим вентилятором. Конструкция его составлена таким образом, что он весь разбирается и легко может быть установлен в любом месте. Для удобства работы справа имеется ящик для угля и корыто для воды. Боковые стенки сопла имеют выемки, которые позволяют нагревать длинные бруски; в таких случаях материал поддерживается еще особой откидной подставкой. Воздух подводится снизу

Фиг. 20. Чугунный американский кузнечный горн с электрическим вентилятором.

через ряд щелей при помощи особой воздушной коробки, снабженной внизу клапаном для удаления проваливающейся в нее золы.

Переносный горн.

На фиг. 21 изображен один из многочисленных типов переносных горнов для нагрева мелких предметов с ручным приводом для вентилятора. Другие конструкции предусматривают ножной привод вентилятора.

Условия горения топлива в открытом горне.

В открытом кузнечном горне (фиг. 22) нагреваемое изделие (A) помещается непосредственно в массу раскаленного топлива, теплота которого передается ему лучеиспусканиеми тепловроводностью. Нижние слои топлива постепенно сгорают

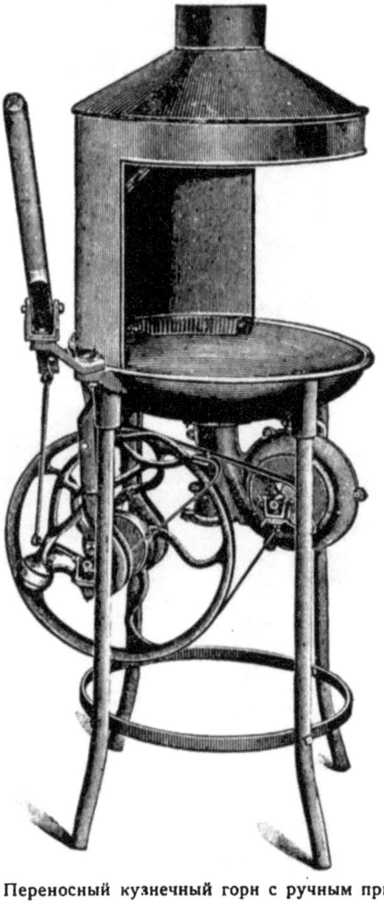

Фиг. 21. Переносный кузнечный горн с ручным приводом.

и пополняются опускающимися вышележащими слоями. При применении хорошо спекающегося кузнечного угля верхние слои, нагреваясь прорывающимися через них горячими продуктами горения, нагреваются, теряют часть своих летучих составных элементов и спекаются, образуя сводик (c), защищающий нижележащие слои топлива от чрезмерного охлаждения. Для предупреждения чрезмерного раскаливания верхний слой угля смачивается время от времени водой.

Когда топливом служит плохо спекающийся каменный уголь, древесный уголь или кокс, которые проваливаются по мере выгорания нижних слоев, не образуя свода, то приходится чаще добавлять топливо и держать слой его над изделием более толстым.

Условия горения топлива в открытом горне весьма неблагоприятны. Пламя, развивающееся в нижних слоях топлива, с большой скоростью прогоняется через промежутки между кусками верхнего слоя топлива, где происходит выделение летучих горючих составных частей его, которые уходят в трубу неиспользованными. Вследствие невозможно-

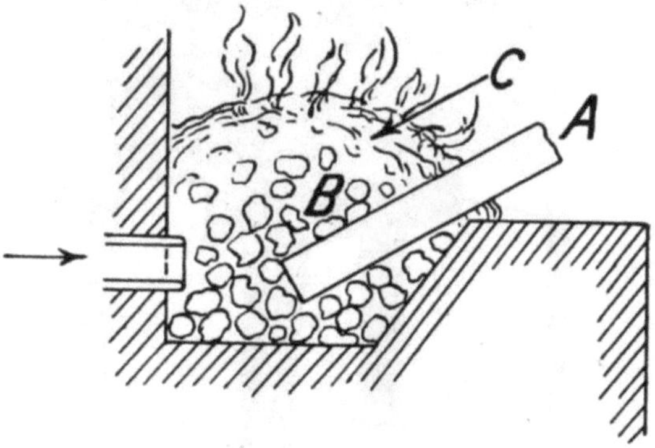

Фиг. 22. Процесс сгорания каменного угля в горне.

сти концентрации тепла приходится работать с большим избытком воздуха.

Вследствие этого металлический коэффициент полезного действия открытых горнов чрезвычайно мал и обычно колеблется между 1,5% и 3%. Дюрре[1]) определяет его в 3%; Хэдике дает на основании произведенных им исследований 1,66%—2,745% и указывает, что при особо благоприятных условиях он может подняться до 5,40%. Таким образом, при благоприятных условиях в открытом горне для нагрева металла утилизируется всего 3%—5%, а остальные 95% до 97% пропадают бесполезно. Расход топлива по обследова-

[1]) E. Dürre „Die Anlage und der Betrieb der Eisenhütte“, том III, стр. 691.

нию, произведенному Этлингом[2]) путем анкетного опроса 12 заводов, был в среднем равен 98% от веса нагреваемого металла для целей ковки.

При сварке нужно считаться с еще большим расходом топлива. Вследствие такого высокого расхода топлива открытые кузнечные горны являются совершенно неэкономичным устройством для нагрева металла. Вот почему в последнее время получают все большее и большее распространение полузакрытые и закрытые кузнечные горны.

Фиг. 23. Полузакрытый кузнечный горн (2).

Полузакрытые кузнечные горны.

В полузакрытом кузнечном горне нагреваемое изделие, так же как и в открытом горне, приходит в непосредственное соприкосновение с топливом; очаг перекрыт сводом из огнеупорного кирпича, который раскаливается отходящими газами и лучеиспусканием раскаленного топлива и в свою очередь отражает тепло в пространство очага. На фиг. 23 представлен

[2]) Dr. C. Oetling „Schmiede u. Schmiedetechnik", том I, стр. 129.

подобный горн американской конструкции, фирмы *Bradley (Syrakus, Ohio)*. Чугунный кожух очага, выложенный огнеупорными кирпичами, укреплен на четырех чугунных ножках. Колосниковая решетка, составляющая дно очага, составлена из нескольких качающихся колосников, которые при помощи общего рычага встряхиваются время от времени для удаления золы и шлака. Свод устроен с'емным и скреплен чугунными шарнирными скобами.

Воздух, количество которого регулируется при помощи шибера, поступает в воздушную коробку, где равномерно распределяется по всей колосниковой решетке, благодаря чему достигается равномерное горение на всей поверхности колосниковой решетки. Упомянутый свод уменьшает всякое вредное охлаждение, чем достигается равномерная интенсивность горения топлива.

Зола и шлак из воздушной коробки легко удаляется через особый клапан.

В нижеследующей таблице приведены данные о размерах и весе горнов этой конструкции:

Таблица III.

№	6	7	8	9	10	11	12
Размеры очага —							
Длина мм.	230	230	230	350	230	700	1850
Ширина мм.	225	350	450	575	1030	575	350
Количество колосников	2	2	2	2	4	4	4
Вес с обмуровкой и упаковкой кгр	270	340	400	540	790	1000	—
Вес без обмуровки с упаковкой кгр.	150	190	235	330	420	565	750

Подобные горны имеют большое преимущество перед открытыми горнами при применении плохо спекающегося каменного угля, древесного угля или кокса, так как не требуют такого внимания и дают более равномерный нагрев.

Закрытые кузнечные горны для кокса и древесного угля.

Условия сжигания кокса и древесного угля в открытом горне особенно неблагоприятны. Поэтому в последнее время получили большое распространение закрытые горны, в которых легко достигается интенсивное горение и сравнительно хорошее использование тепловой энергии топлива. На фиг. 24 изображен подобный горн фирмы *Dan. Heuser (Hagen i. Westfalen)*, состоящий из чугунного кожуха, составленного из отдельных частей и выложенного огнеупорным кирпичем. Загрузка топлива производится через две боковые дверцы. Передняя дверца снабжена отверстием для ввода нагреваемых изделий и охлаждается водой, как и крышка горна для предохранения рабочего от лучистой теплоты. Воздух поступает через колосниковую решетку из

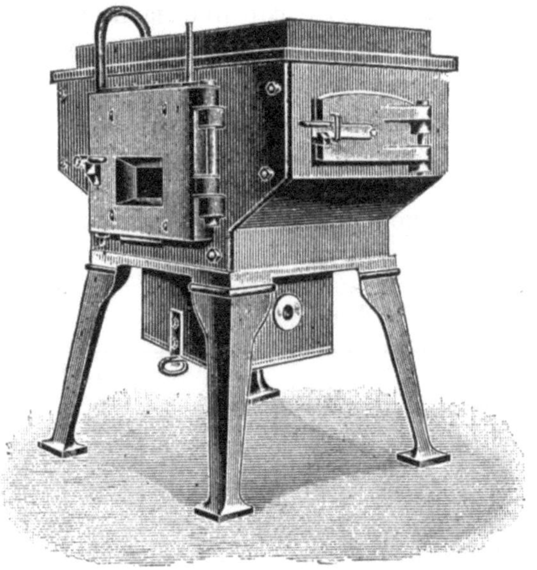

Фиг 24. Закрытый кузнечный горн для кокса и древесного угля (2).

воздушной коробки, помещенной внизу. Последняя укреплена при помощи шарнира, благодаря чему достигается быстрая чистка ее. Над очагом устроен кирпичный промежуточный свод. Продукты горения омывают этот свод и спускающиеся куски свежего кокса, после чего они через трубу отводятся в атмосферу. Раскаливающийся таким образом свод отражает тепло опять вниз на нагреваемый металл, который таким образом равномерно нагревается снизу и сверху. В нижеследующей таблице IV приведены некоторые данные о горнах описанной конструкции:

Таблица IV.

Марка горна	W. O. 3	W. O. 4	W. O. 5	W. O. 6	W. O. 7	W. O. 5a
Потребная площадь,						
длина мм.	1100	1200	1500	1700	1900	2500
ширина мм.	600	700	850	1050	1150	850
Высота горна мм. . .	1250	1400	1600	1700	1800	1600
Глубина горна мм. . .	500	600	775	870	1000	775
Размеры раб. окна						
высота мм.	250	300	350	410	650	350
ширина мм.	100	120	120	200	200	150
Длина нагреваемых изделий мм.	240	375	475	575	700	475
Вес кгр.	500	850	1250	1650	2000	2300

При непосредственном соприкосновении с раскаленным топливом, содержащим часто значительные количества серы ввиде сернистого железа (в особенности каменный уголь), железо и сталь легко воспринимают серу и делаются непригодными для сварки вследствие краснолмкости, вызываемой серой. Поэтому следует употреблять по возможности бессернистые сорта топлива. Идеальным топливом в этом отношении является древесный уголь. В случае же необходимости применения каменного угля следует дать ему предварительно прогореть, т. е. класть нагреваемый металл в огонь лишь когда огонь хорошо разгорится и значительная часть сернистого железа разложится.

Сварочные печи пламенного типа.

Последние устраиваются для твердого, жидкого и газообразного топлива. Металл омывается раскаленными продуктами горения, отдающими ему часть своей теплоты. Для достижения лучшего использования теплоты продуктов горения, оставляющих печное пространство с весьма высокой температурой, иногда проводят отработанные газы под паровые котлы, устанавливаемые непосредственно за печью или над ней. Чаще же пользуются отработанными печными газами для подогрева воздуха при помощи рекуператоров или регенераторов, а при газовых топках и для подогрева газа; при этом одновременно с лучшим использованием тепла достигается и более высокая температура горения. Такое использование тепла, заключенного в отработанных продуктах горения, оставляющих печное пространство при высокой температуре, имеет особенно существенное значение в применении к большим печам, служащим для нагрева тяжелых частей.

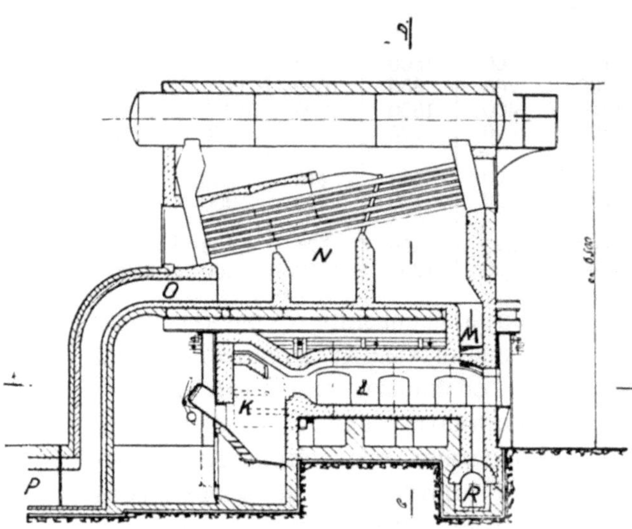

Разрез E—F

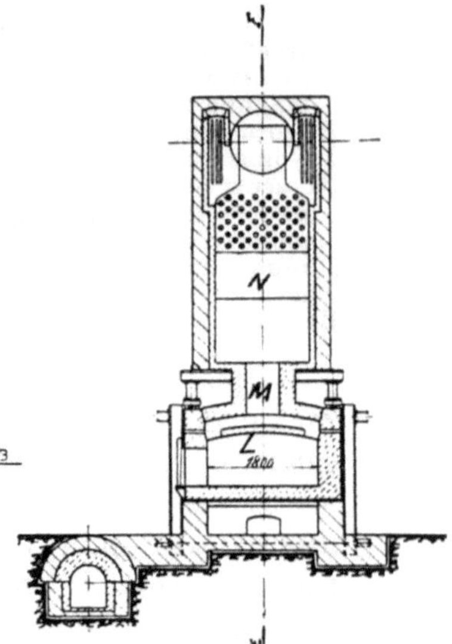

Разрез C—D

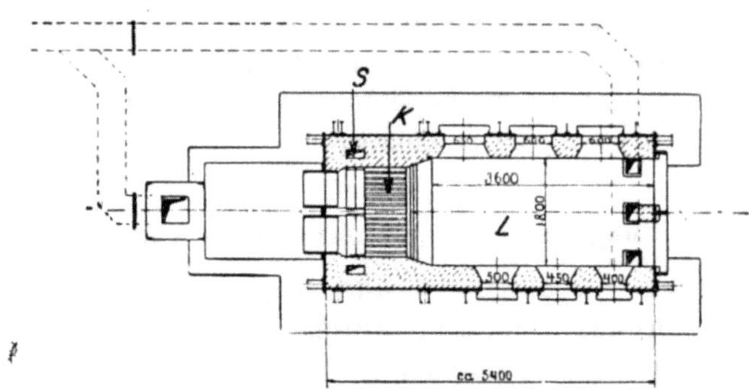

Разрез A—B

Фиг. 25. Сварочная печь, соединенная с паровым котлом.

Соединение печи с паровым котлом.

На фиг. 25 представлена сварочная печь с надстроенным над ней водотрубным паровым котлом. Печь снабжена полугазовой топкой с ступенчатыми и горизонтальными колосниками. Воздух для горения поступает снизу через колосники и кроме того (дополнительный воздух) по каналам S, проложенным в боковых стенках топки, после того как он омыл под печи снизу. Топочные газы проходят по рабочему пространству печи L и затем переходят по дымоходу M под паровой котел N, где отдают свое тепло для испарения воды. После омывания парового котла газы уходят по дымоходу O в боров P. Дополнительный воздух, проходя под подом печи и по каналам S, нагревается, благодаря чему достигается более высокая температура горения. Вместе с тем он служит для охлаждения пода. При таком устройстве из отработанных газов получается в среднем около 1,5 кг. пара при 4—5 атм. давления на каждый килограмм сожженного топлива. Расход топлива в среднем равен 20%.

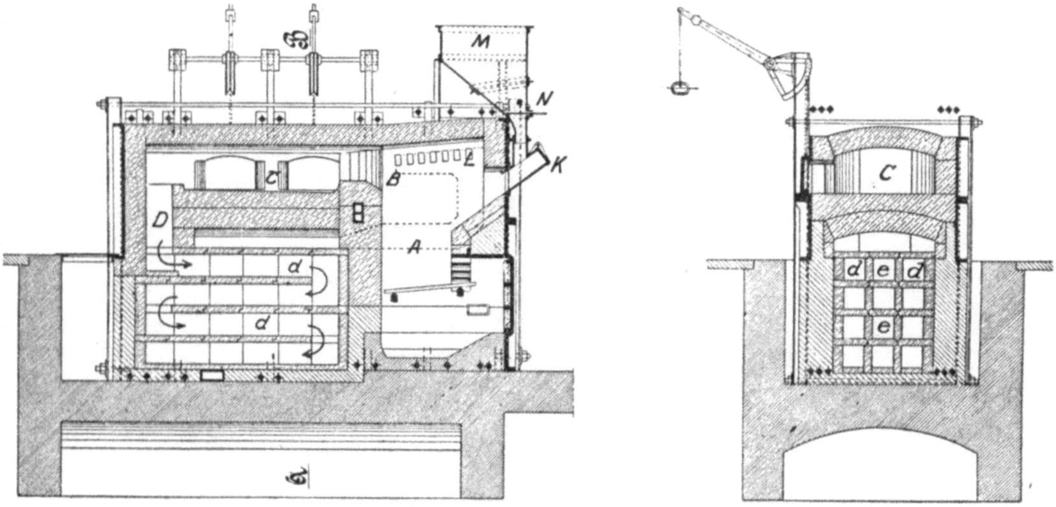

Фиг. 26. Рекуперативная сварочная печь для твердого топлива.

Рекуперативная печь для твердого и жидкого топлива.

Рекуперативная сварочная печь для твердого топлива представлена на фиг. 26. Топка, как и в предыдущем случае, полугазовая для твердого топлива. Топливо загружается в воронку M и спускается по желобу в топку A при открытии заслонки N; разравнивание его может быть произведено через дверцу K. Продукты горения из топки A переходят через порог в рабочее пространство c, а отработанные печные газы спускаются по дымоходам D и проходят по каналам d рекуператора, делая 4 горизонтальных оборота.

Между этими каналами d расположены каналы l, служащие для подвода и подогрева дополнительного воздуха для горения. Воздух поступает снизу и также делает 4 горизонтальных оборота, поднимаясь навстречу продуктам (по принципу встречного течения); затем воздух переходит в каналы, проложеные в боковых стенках топки, показанные пунктиром,

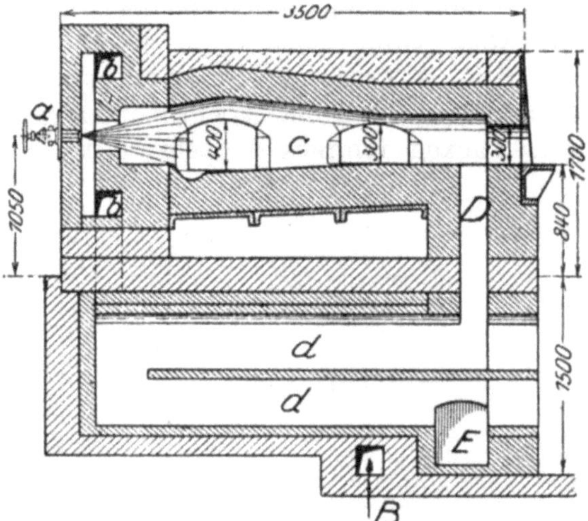

Фиг. 27.

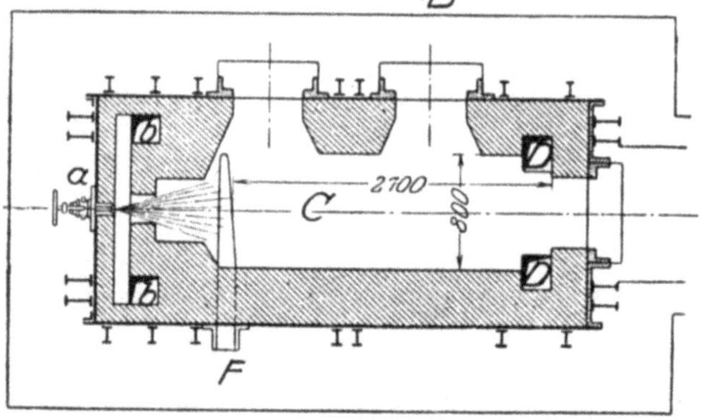

Фиг. 28.

Рекуперативная печь для жидкого топлива.

и поступает в топку около свода через ряд окон L для лучшего смешения его с топочными газами. Благодаря такому устройству теплота отходящих продуктов горения используется для подогрева воздуха, что спотобствует получению высокой температуры и уменьшению расхода топлива. Расход топлива при нагреве тяжелых изделий до 800 кг. веса равен 10—13% от веса металла при хорошем каменном угле.

На фиг. 27—28 представлена сварочная рекуперативная печь Лохнера[1]) для жидкого топлива. Нефть распыливается в форсунке a при помощи сжатого воздуха или пара. Воздух, необходимый для горения, поступает снизу по каналу B и поднимаясь делает два горизонтальных оборота в каналах рекуператора, затем поднимается вверх по каналам b и смешивается уже в подогретом состоянии с распыленной нефтью. Благодаря подогреву воздуха достигается большая интенсивность горения и высокая температура пламени. Вследствие этого рабочее пространство C быстро нагревается до требуемой температуры. Отработанные газы, как и в предыдущем случае, опускаются по дымоходам D в горизонтальные каналы рекуператоры d, где делают два горизонтальных оборота, и затем уходят в боров E, ведущий к дымовой трубе.

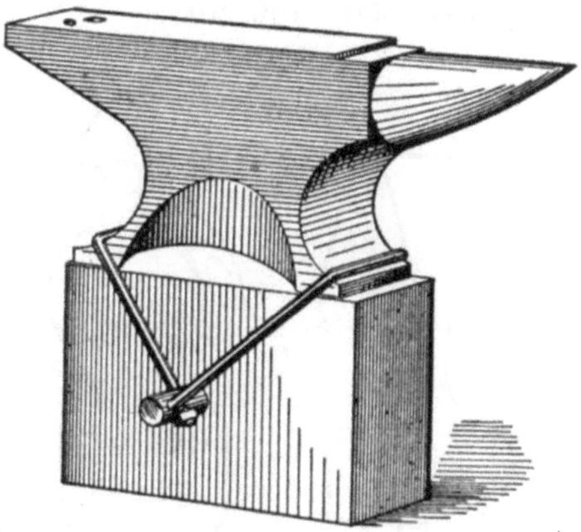

Фиг. 29. Способ укрепления наковальни.

Инструмент и орудия для производства работы.

Наковальня.

Для производства работы сварки необходимо приложить некоторое механическое усилие для тесного сближения частиц металла соединяемых деталей. Вследствие этого горновая сварка всегда сопровождается некоторой остающейся деформацией металла, т. е. изменением внешней формы. Что-

[1]) См. St. u. E., 1922, № 19.

бы вызвать эту деформацию необходимо иметь прочную опору, на которую кладется тело во время производства самой сварки. Такой опорной поверхностью служит твердая поверхность стальной наковальни, которая при ручной работе имеет вид, представленный на фиг. 29. Вес наковален, применяемых для обычных ручных сварочных работ, колеблется между 75 и 100 кгр. Наковальня укрепляется при помощи скоб на деревянном чурбане, зарытом в землю.

Молота.

Для нанесения ударов служат ручные молота различных видов и размеров. На фиг. 30—33 представлены различные формы ручных молотов легкого типа, так называемых ручников весом от ½—1 кгр. с клиновидным (продольным и поперечным) и круглым носком. Длина рукояток ручных молотов равна 350—400 мм.

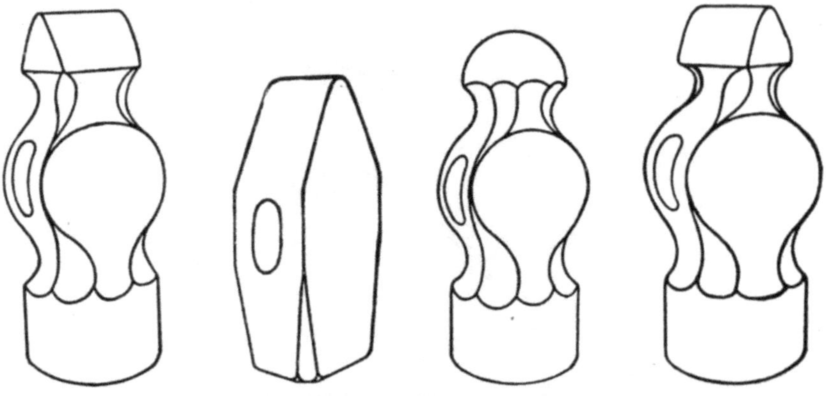

Фиг. 30. Фиг. 31. Фиг. 32. Фиг. 33.

Различные формы ручных молотков.

Более тяжелые молота называются кувалдами, и ими работает молотобоец. Кувалды подразделяются на легкие и тяжелые. Легкие кувалды (фиг. 34) весят 2,5—4 кгр. и снабжаются рукоятками длиной 600—750 мм.; тяжелые кувалды (фиг. 35) изготовлятся от 4—10 кгр. веса и снабжаются рукоятками около 900 мм. длиной. Легкую кувалду молотобоец перед ударом поднимает до высоты плеч; при работе тяжелой кувалдой он делает полный размах перед каждым ударом, держа ее обеими руками около конца рукоятки. Материалом для изготовления молотов служит в большинствие случаев литая сталь с содержанием углерода 0,6—0,7 %; реже употребляются в настоящее время молота с наварными стальными концами.

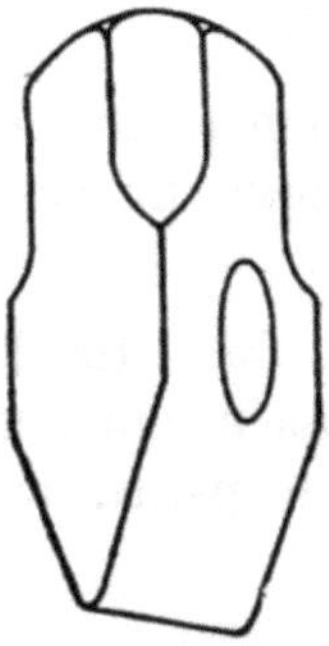

Фиг. 34. Легкая кувалда.

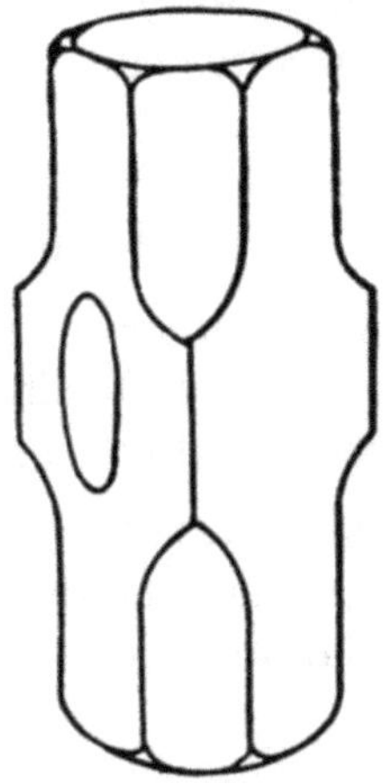

Фиг. 35. Тяжелая кувалда.

Для производства работ по сварке могут служит и все механические орудия ковки: паровые, пневматические и приводные молота, а также прессы разнообразных конструкций.

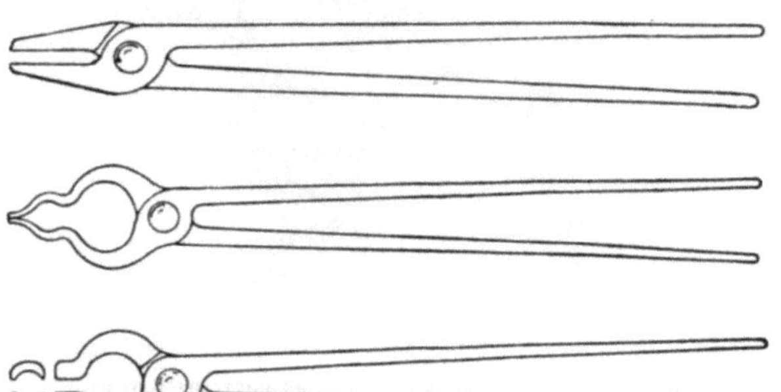

Фиг. 36. Различные виды кузнечных клещей.

Клещи и инструмент для шуровки.

Клещи различных форм и размеров служат для захвата обрабатываемых деталей. В зависимости от назначения губам придают различные формы, из которых наиболее употребительные представлены на фиг. 36. Вследствие постоянной необходимости охлаждения их в воде клещи скоро портятся; при захвате раскаленных изделий первоначальная форма их скоро нарушается. В огне их следует оставлять только в случае необходимости.

Сварочные машины.

Для сварки в стык применятся специальные машины, снабженные приспособлением для зажима полос и нажатия нагретых концов друг на друга.

Сварочная машина фирмы *Bliss u. Co.* На фиг. 37 изображена подобная машина, приводимая в движение ручным способом. Машина состоит из прочной рамы, несущей две

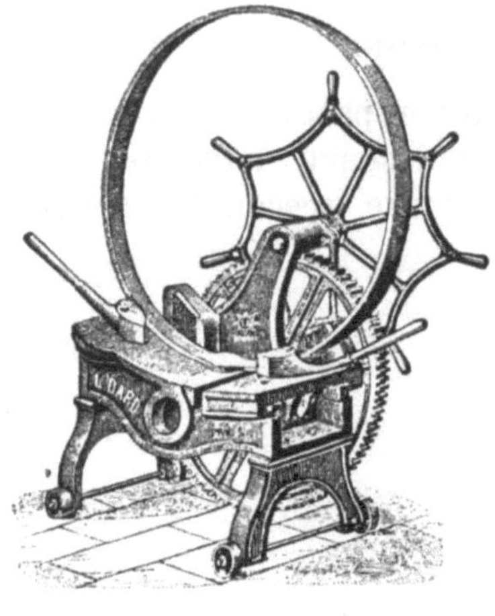

Фиг 37. Ручная сварочная машина системы Блисса.

пары зажимов, одна из которых неподвижна, а другая может передвигаться при помощи зубчатой передачи. Нагретые концы зажимаются в зажимы и перемещением подвижной пары прижимаются друг к другу.

Сварочная машина Ауэрбаха *(P. Auerbach, Saalfeld a. d. Saale.* Из фиг. 38 видно, что машина состоит из прочной рамы на роликах, на которой перемещаются две салазки с зажимами для свариваемых брусков. К этой же раме прикреплен передаточный механизм, приводимый в дей-

Фиг. 38. Сварочная машина Ауэрбаха.

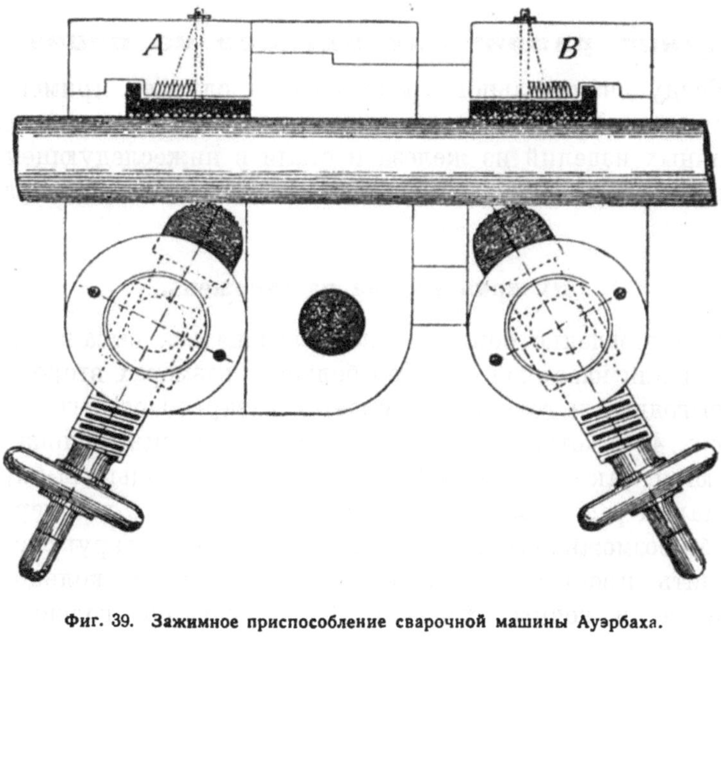

Фиг. 39. Зажимное приспособление сварочной машины Ауэрбаха.

ствие от руки. Зажимы (фиг. 39) состоят из стальных губок, укрепленных на салазках с одной стороны и нажимного стального винта, перемещаемого при помощи ручного маховичка в особой гайке, соединенной цапфой с основной рамой. Винт снабжен особыми зазубренными башмаками, при помощи которых свариваемая часть прижимается к упомянутым губкам.

Для производства сварки сначала приводят нажимные винты и салазки в должное положение, в зависимости от размеров и формы подлежащих сварке частей. Затем переносят из сварочной печи нагретые до сварочного жара части на машину, помещая их, как показано на фиг. 39, и сближают салазки вращением ручного маховика до тех пор, пока захваченные зажимами части не будут сближены настолько, что будет создано необходимое давление для осуществления сварки.

Глава III.

Области применения горновой сварки.

Описание различных случаев из практики.

Ввиду значительного разнообразия случаев применения кузнечной сварки в деле машиностроения и изготовления различных изделий из железа и стали в нижеследующем будут описаны примеры наиболее часто встречающикая работ.

Наварка кольца на стержень.

Приготовление болтов может совершаться высаживанием головки или наваркой ее. При больших размерах второй случай выгоднее, и головка получается наваркой особого кольца В (фиг. 40), которое затем оковывается. Концы кольца скашиваются, как показано на рисунке, и длина кольца выбирается с таким расчетом, чтобы концы не сходились до операции и чтобы возможно было путем проковки кольца вокруг стрежня получить прочное соединение. При проковке кольцо удлиняется, и концы сходятся. После наварки головки, ей придают форму шестигранника обычным путем, ковкой в ручную или штамповкой.

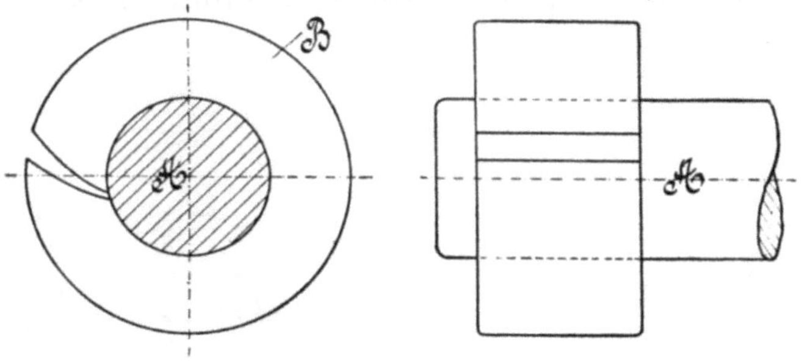

Фиг. 40. Наварка головки болта.

Таким же путем можно наварить на валы кольца, кулачки, пальцы, утолщения и пр. (фиг. 41, 1—4).

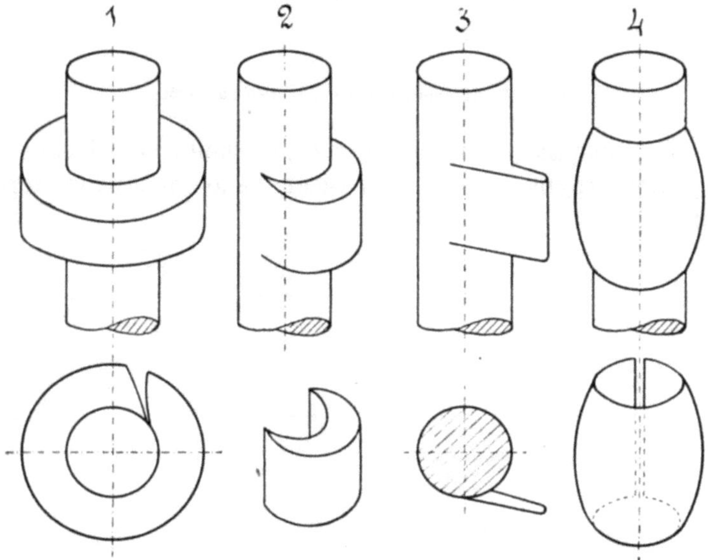

Фиг. 41. Приварка колец, кулачков. пальцев и пр. к валам.

Наварка колец и фланцев на трубы.

Когда вместо сплошного стержня (фиг. 41, 1) мы имеем трубку, на которую нужно наварить кольцо (фиг. 42), то кольцо нужно изготовить отдельной сваркой в накладку, скашивая соединяемые края, как показано на фиг. 40. Конец трубы А несколько обтачивают на конус. После нагрева конца трубы и кольца, последнее насаживают на конец трубы и производят проковку кольца в штампах (F), действуя легкими ударами на трубу, в которую для предохра-

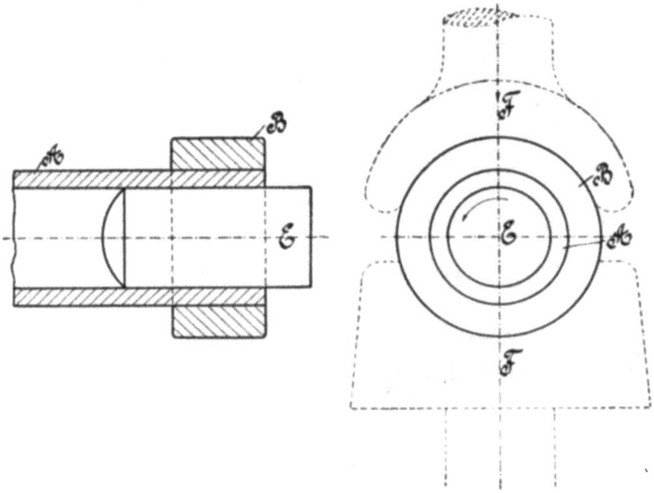

Фиг. 42. Наварка колец и фланцев на трубы.

нения от деформации вставляется стержень E. После каждого удара труба с кольцом несколько поварачивается в штампах.

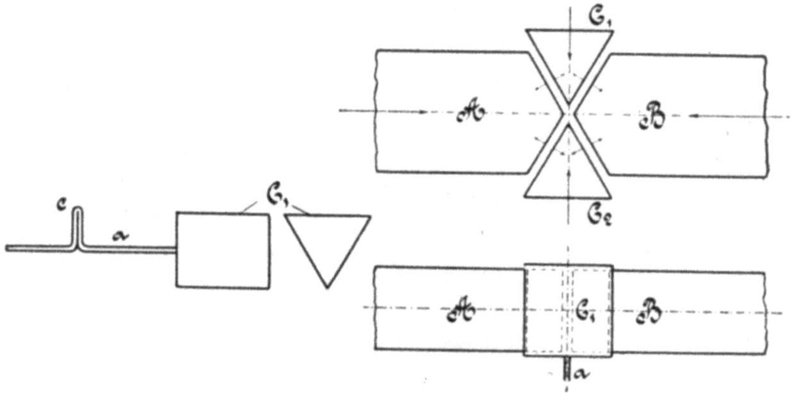

Фиг. 43. Сварка частей тяжелых рам.

Сварка частей тяжелых рам.

Сварка частей больших рам, составленных из отдельных частей с определенными размерами, производится со вставкой клина (фиг. 43). Для этого концы A и B скашиваются с двух сторон, и вставляются два клина C_1 и C_2. Во время проковки между сваренными поверхностями возникает нормальное усилие, способствующее схватыванию металла. При этом, однако, необходимо гарантировать клинья от возможности относительного перемещения, для чего к ним предварительно приваривают ручки *a*, снабженные изгибом *c*. После окончания работы ручки *a* удаляются.

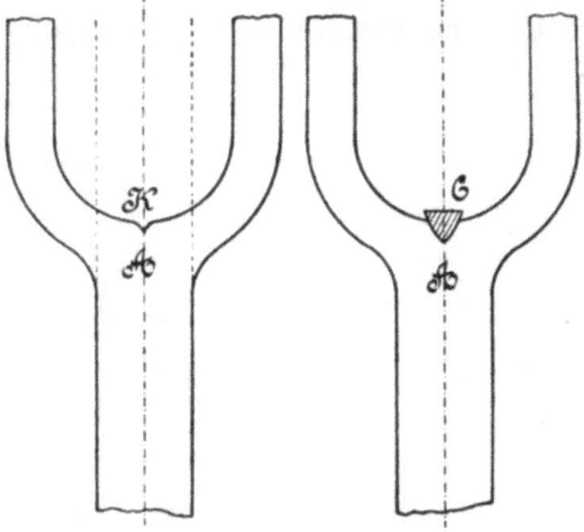

Фиг. 44. Заварка трещин.

Заварка трещин и поверхностных дефектов.

Когда нужно изготовить вилку (фиг. 44) (например, для шатуна, шарнира и пр.), то при раздвоени металла может получиться трещина К. Такая трещина может быть уничтожена заваркой клина С. Таким же способом могут быть заварены поверхностные дефекты крупных изделий (фиг. 45), как трещины, пленки и пр.

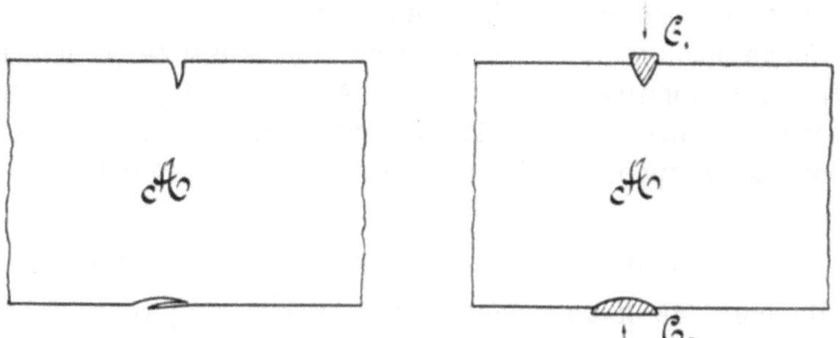

Фиг. 45. Заварка поверхностных дефектов.

Способ выполнения работ виден из рисунка. Место должно быть предварительно очищено (вырублено), и для вставки должны быть приготовлены соответствующей формы клинья. (C_1 C_2.).

Изготовление рам и переплетов.

Когда требуется сварить две части, пересекающие друг друга под углом, то работа производится, как показано на фиг. 46. Место C_1, где должен быть приварен конец второй

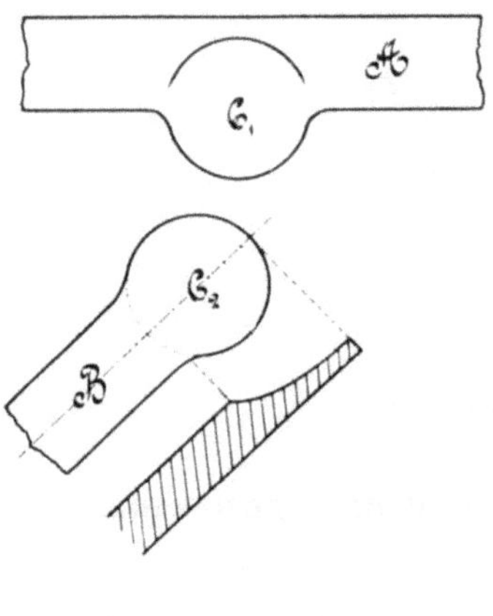

Фиг. 46.

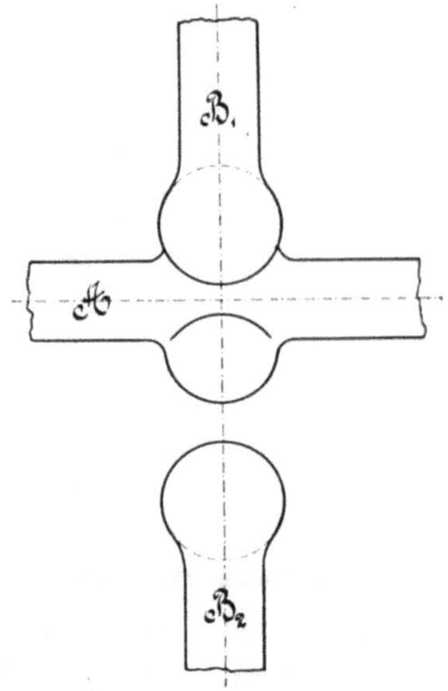

Фиг. 47.

Сварка частей рам и переплетов.

части, расплющивается так же, как и конец C_2 привариваемой части. Приготовленный, таким образом, конец C_2 наваривается на место C_1 в накладку.

Когда две части пересекаются под прямым углом и образуют крестовину, то к части A (фиг. 47) приваривают описанным образом B_1 и B_2 по двум диаметрально противоположным направлениям, как это видно из рисунка.

Сварка в паз при изготовлении угольников.

На фиг. 48 и 49 представлен способ сварки двух полос под углом, применяемый при изготовлении угольников, рам и пр.

Концу А (фиг. 48) одной полосы придают форму клина с соответствующим утолщением его; конец полосы В зарубают и расплавляют в виде паза, придавая боковым поверхностям паза цилиндрическую форму. После сварки и проковки соединение имеет вид, представленный на фиг. 49.

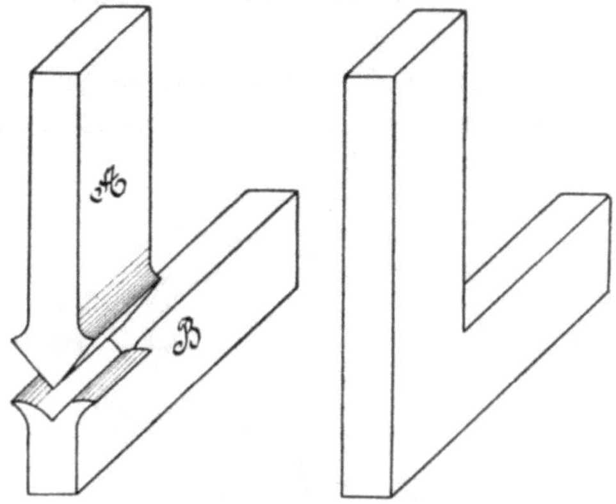

Фиг. 48. Фиг. 49.
Сварка угольника (по Гавриленко).

Изготовление сварных скоб и колец.

Производится, как ручным способом, так и при помощи различных механических приспособлений. При этом чаще всего применяется способ сварки со скашиванием концов.

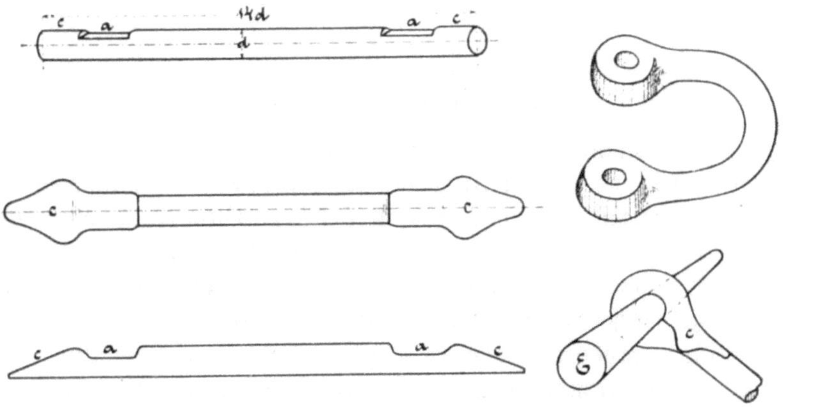

Фиг. 50. Изготовление скобы со сваркой (по Гавриленко).

На фиг. 50 (а—е) изображен способ сварки, применяемый при изготовлении подвесных скоб. Сначала обжимают места (а) (фиг. 50 а) в обжимке под ударами молотка; затем скашиваются концы (с), и раздаются в стороны (фиг. 50 b—c). Изгибание и сварка концов (с) производятся на оправке Е (фиг. 50 d), диаметр которой несколько меньше диаметра требуемого отверстия. После сварки отверстию сообщают правильный размер и изгибают скобу, как изображено на фиг. 50 е.

Хорошие размеры скоба получает, когда длина отрезка, взятого на изготовление ее, равна 14 диаметрам.

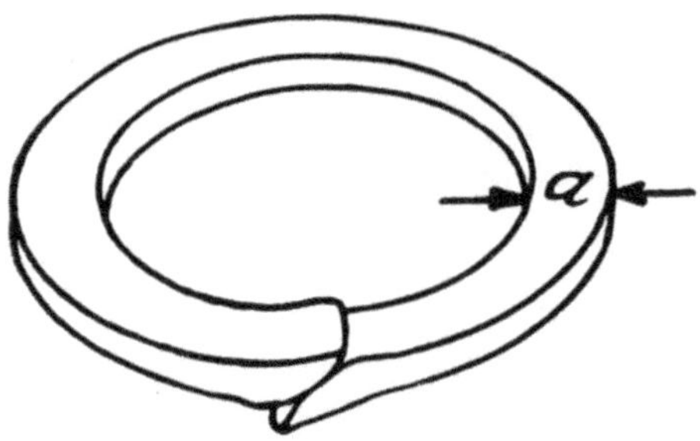

Фиг. 51. Сварка колец лаской.

На фиг. 51 представлен способ изготовления сварного кольца. Для определения длины отрезка, необходимого для изготовления кольца определенного внутреннего диаметра из данного материала, следует прибавить толщину материала (а) к внутреннему диаметру и полученную величину помножить на $3^1/_7$.

Горновая сварка цепей.

Изготовление первых цепей относится к первой половине 17-го века, когда англичанином Чайтом был впервые взят патент на приготовление цепей (1634). Однако, первые цепи были весьма ненадежны, вследствие чего и не получили большого распространения до тех пор, пока не были разработаны способы для их механического испытания и определения качеств железа, идущего на изготовление. Железо для изготовления цепей должно легко поддаваться сварке, т. е. оно должно быть как можно мягче и содержать минимальное количество примесей, понижающих способность железа свариваться, а именно: углерода, марганца и кремния.

Для изготовления цепей определенной толщины следует брать прутковое железо несколько большего диаметра вследствие неизбежного угара при нагреве до сварочного жара (5—10%). Материал режется на куски надлежащей длины, при чем следует разрезать полосу под острым углом к оси, чтобы получить возможно бо́льшую поверхность сварки. Полученные заготовки для звеньев нагреваются на горне до сварочной температуры, после чего кузнец берет их по очереди клещами и сначала погружает в сварочный песок, который, сплавляясь с окалиной, образует шлак, предохраняющий железо от дальнейшего окисления; затем быстро скашивают концы на зубиле, загибают их на носке наковальни и несколькими ударами сваривают. Каждое новое звено перед сваркой продевается в звено, изготовленное перед этим.

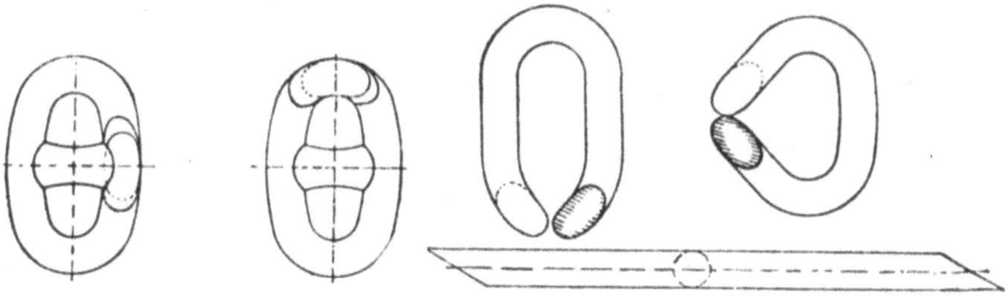

Фиг. 52. Сварка цепного звена.

При изготовлении звеньев с распорками, звено сваривается обычным способом, как при изготовления цепных звеньев без распорок с той разницей, что бока звена оставляются более открытыми для того, чтобы распорка могла быть вставлена и после вставки ее возможно было дальнейшим обжатием звена осуществить сварку в стык между концами распорки и двумя противоложными боками звена. Место сварки звена при этом может быть расположено либо сбоку, причем она совпадает с местом приварки распорки, либо у одного конца звена (см. фиг. 52).

При приварке распорок кузнец держит клещами в одной руке нагретое до сварочного жара звено, а правой рукой другими клещами он вводит нагретую распорку, в то время как молотобоец наносит ряд ударов для сплющивания звена, при чем распорка защемляется и приваривается к звену. Приэтом главное внимание кузнеца должно быть обращено на то, чтобы распорка была приварена к звену в надлежащем месте.

Вместо того, чтобы разрезать полосы на заготовки для звеньев перед выгибанием можно навивать их на оправку надлежащего диаметра ввиде спирали, каковую затем разрезают на куски, уже согнутые и подготовленные к сварке. Этот способ, практикуемый в Америке, является более целесообразным, так как требует меньше времени.

Наряду с описанным способом сварки цепных звеньев со скашиванием концов применяется также сварка в стык с

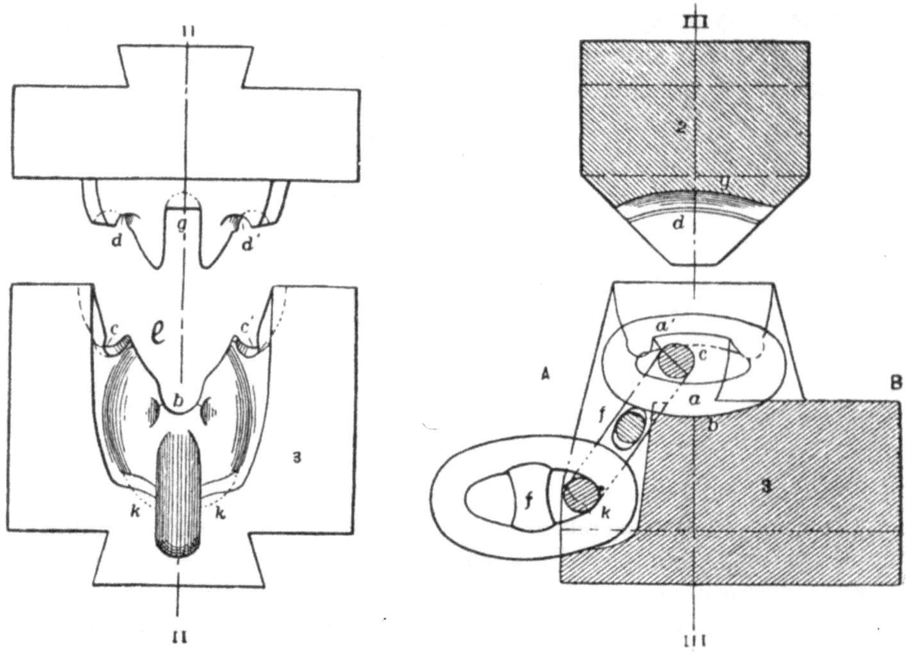

Фиг. 53. Штамп для сварки цепных звеньев по Беккеру.

последующим сглаживанием места сварки при помощи особых обжимок, однако, цепи, изготовленные этим способом, отличаются меньшей прочностью. Описанный способ изготовления цепей не дает гарантии точности размеров звеньев. Поэтому в тех случаях, когда звенья должны удовлетворять определенным требованиям в отношении размеров, то для придания им правильной формы подвергают их правке в особых штампах, соответствующих форме звена; вместе с этим и готовую часть цепи приходится поварачивать на 180° для нанесения удара с каждой стороны, что с одной стороны связано с затратой времени, а с другой — в особенности при изготовления тяжелых цепей — является и затруднительным.

Более удобным является в этом отнощении штампы Беккера, при применении которых достаточно поварачивания одного звена на 90°. Эти штампы, представленные на фиг. 53, имеют в нижней половине углубление b, образующее опорную поверхность для звена a и по бокам две опорные площадки c и c', служащие для сварки звеньев. Таким образом, нижняя сторона звена a все время покоится на площадке b в то время, как верхняя сторона, подлежащая сварке, может опираться как на c, так и на c' (см. фиг. 54). Для произ-

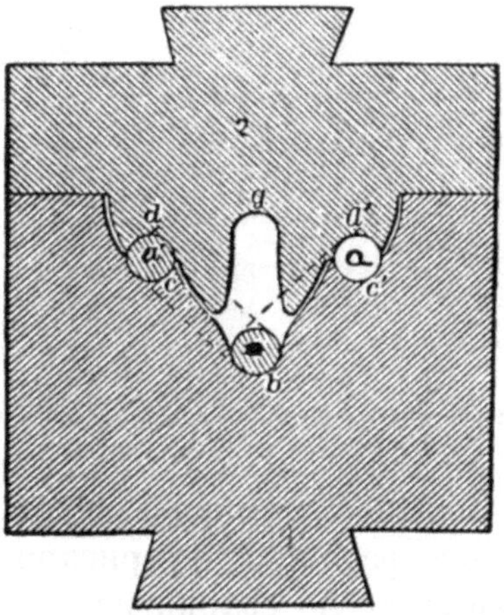

Фиг. 54 Штамп Беккера в закрытом положении.

водства сварки в штампе Беккера согнутое звено со скошенными концами, нагретое до температуры сварки, продевают в последнее готовое звено и помещают в штамп таким образом, чтобы сторона, подлежащая сварке, попала в углубление c или c'. Затем наносят удары верхней половиной штампа (d), причем после каждого удара звено поварачивают на 90° с тем расчетом, чтобы место сварки приходило поочередно из положения a в положение a' и обратно. Следующее звено сваривается таким же способом; при этом, как видно из чертежа, нет необходимости в поварачивании остальной готовой части цепи. Другим преимуществом штампа Беккера является то обстоятельство, что благодаря поварачивания звена во время проковки места сварки на 90°, направление каждого последующего удара приходится под прямым углом к предыдущему, в результате чего после нескольких ударов достигается правильная, круглая форма в месте сварки.

На фиг. 55 изображены штампы, отличающиеся в конструктивном отношении от только что описанных тем, что в них нет опорной площадки b, определяющей положение нижней стороны свариваемого звена, вследствие чего получается больше свободного пространства для перемещения звена.

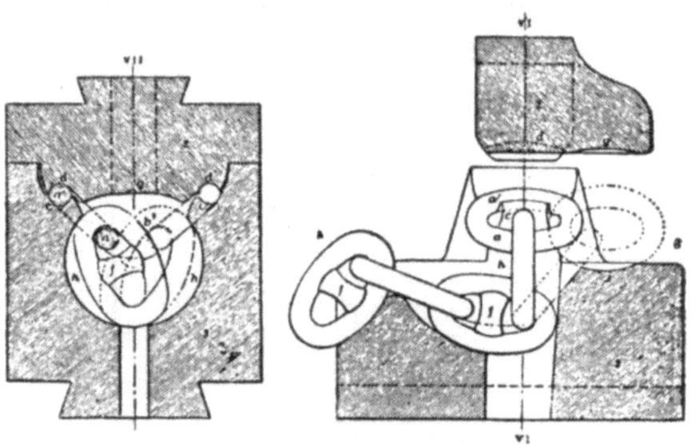

Фиг. 55. Видоизмененный штамп Беккера для сварки цепных звеньев.

Производство цепей с распорками отличается лишней операцией по вставке распорки и привариванию ее. Производится эта операция после сварки звена, которое для этой цели оставляют несколько более широким для того, чтобы можно было удобно вставить распорку.

При пользовании штампами Беккера звено устанавливают таким образом, чтобы распорка была в вертикальном положении с таким расчетом, чтобы верхний штамп наносил удары на звено площадкой g и сплющивал бы звено, зажимая в нем распорку (см. фиг. 53—55).

Для получения более надежных цепей на некоторых заводах практикуется способ изготовления звеньев свиванием тонкого полосового железа ввиде мотка, который затем сваривается в одно целое. Для производства цепей по этому способу применяются особые специальные машины.

Введение производства подобных цепей относится к началу текущего столетия, когда оно впервые было применено на бельгийских заводах[1]).

Производство цепных звеньев по этому способу состоит из 4-х главнейших операций:

1. Подготовка и нагревание полосок.
2. Свивание полоски в кольцо.
3. Сварка и обжатие кольца.
4. Придание надлежащей формы (со вставкой распорки).

Для изготовления цепей по этому способу применяется мягкое полосовое железо, которое разрезается на прутки определенной длины. Размеры полосового железа и длина отдельных прутков (полосок) определяются размерами изготовляемых звеньев.

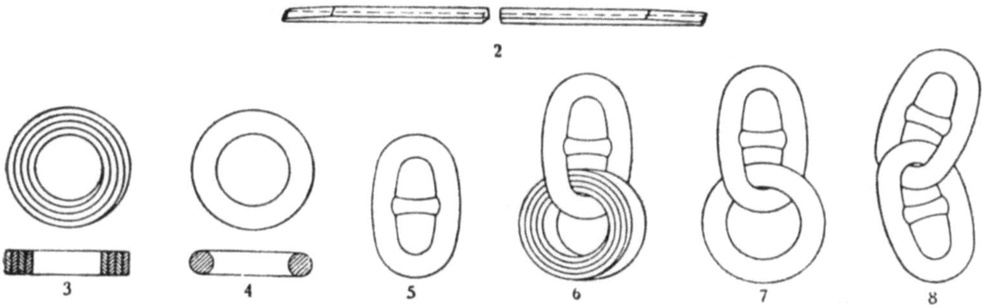

Фиг. 56. Схема механического способа изготовления цепей.

Подготовка полосок заключается в том, что концы их должны быть подкатаны в целях выравнивания дальнейшего обжатия (см. фиг. 56—2).

Нагретая полоска завивается в кольцо ввиде спирали; в разрезе это кольцо имеет прямоугольное сечение (фиг. 56—3).

Полученное таким образом кольцо обжимается для осуществления сварки, причем одновременно прямоугольное сечение доводится до круглого сечения путем прокатки (фиг. 56—4). Готовое кольцо затем обжимается в особых штампах для придания ему надлежащей формы звена.

Операции эти быстро следуют друг за другом, так что производство цепей по этому способу совершается с большой быстротой.

---

[1]) См. Iron Age, 1906 год, стр 855., а также А. П. Гавриленко. Обработка металлов давлением, стр. 323.

Завивание полосок в кольца и дальнейшее обжатие и температуры, вводится рабочим при помощи клещей между независимо друг от друга. Работа поэтому распределяется таким образом, что в то время, как у одного конца цепи производится завивание полоски, на другом конце, свернутое заранее кольцо обжимается (скругляется) и подвергается штамповке.

Для иллюстрации приводим описание производства цепей по этому способу на заводе Борзига в Верхней Силезии[1]) (см. фиг. 57,58).

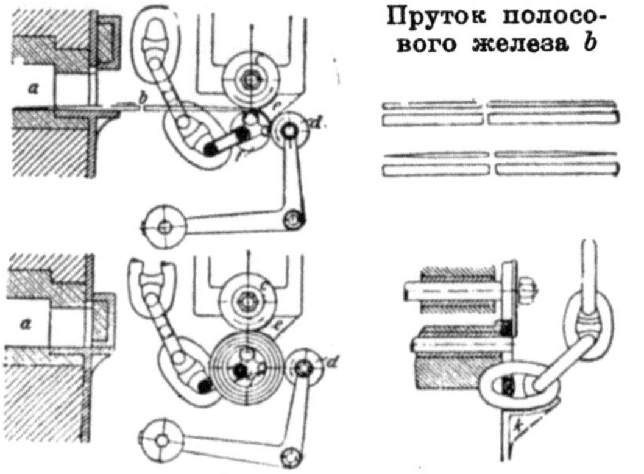

Фиг. 57.
Схема аппарата для евертывания полоски.

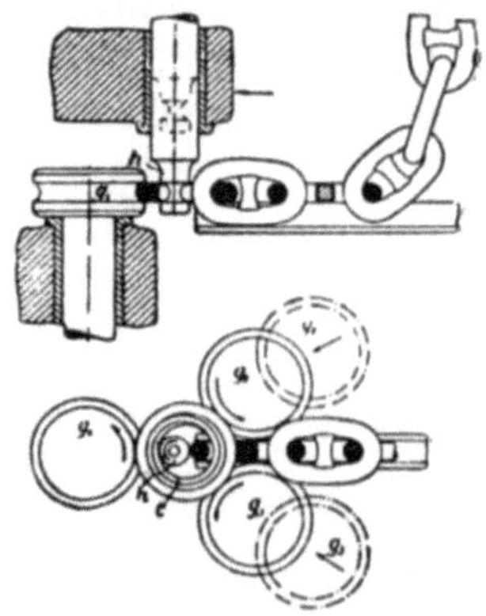

Фиг. 58.
Схема прокатного устройства.

Полоска b, нагретая в сварочной печи a до сварочной температуры вводится рабочим при помощи клещей между роликом c и неподвижно укрепленным шипом f. Ролик c прижимается к шипу f при помощи гидравлического приспособления и вращается в направлении, указанном стрелкой, так что дальнейшее продвижение полоски b обеспечивается трением, возникающим между поверхностью полоски b с одной стороны, и роликом c и шипом f с другой. После прохождения между роликом c и шипом f полоска b встречает направляющий угольник e и огибается вокруг шипа f, чему способствует еще и ролик d.

Огибая шип f полоска b проводится через соседнее готовое звено, один бок которого введен в паз, имеющийся на поверхности шипа f. По прохождении всей полоски получается

[1]) См. А. Филиппов, Наука и Техника, май 1923 г, стр. 9. Изд. Бюро Иностр. Науки и Техн., Берлин.

спиральное кольцо, введенное в предыдущее звено, как это видно из фиг. 57—2. Звено, в которое вводится нагретая полоска, при этом поддерживается при помощи особой подставки k (см. фиг. 57—3).

Полученное таким образом кольцо быстро снимается с шипа f и переносится на прокатное устройство (см. фиг. 58), где оно прокатывается между неподвижным валиком g и подвижным валиком h в горизонтальном положении, причем оно поддерживается в этом положении при помощи двух других желобчатых роликов g_2 и g_3, которые могут отодвигаться и приближаться, как это указано стрелкой и пунктиром. Валик g_1 при этом вращается от механизма в направлении, указанном стрелкой, а валик h, как и ролики g_2 и g_3, увлекается возникающим трением. Валик h может быть приподнят до положения, обозначенного пунктиром, для возможности вынимания и вставки нового звена; кроме того он может быть перемещен в горизонтальном направлении влево, как это указано стрелкой, вследствие чего может быть осуществлено надлежащее обжатие кольца при прокатке. Валики g_1 и h имеют круглый ручьевой профиль, благодаря чему обеспечивается надлежащая форма поперечного готового звена.

Полученное таким образом звено сейчас же переносится в штампы гидравлического пресса, в которых оно обжимается до надлежащей формы, причем происходит одновременно приварка вставленной распорки, нагретой предварительно до сварочной температуры.

При помощи одного и того же прокатного устройства могут быть сварены звенья различной толщины после замены валиков g_1 и h другими, имеющими надлежащий профиль. Так, на заводе Борзига имеется два прокатных устройства; одно для диаметров от 36 до 51 мм., другое — для диаметров от 51 до 86 мм.

Цепи, изготовленные по этому способу на заводе Борзига, обладают разрывным усилием в среднем от 29 до 34 кг./мм.^{2}, при удлинении от 10 до 15%, что вполне удовлетворяет требованиям, предписанным Германским Морским Министерством[1]).

---

[1]) **Предписанные Германским Морским Министерством условия прочности: для цепей с распорками — 28 кг. на кв. мм. при 7% удлинения, а для цепей без распорок — 26 кг. на кв. мм. при 8% удлинения.**

При этом способе изготовления цепей, сварка происходит отчасти при завивании полоски, вследствие давления роликов c и d, главным же образом при дальнейшем обжатии и прокатке на прокатном устройстве. Если при этом сварка получится и не совсем надлежащего качества, то все же звенья получаются достаточно прочными, так как сечение звена не ослаблено сваркой по всей площади, а лишь на площади на столько раз меньшей, сколько сделано завитков.

Схематически вышеописанный процесс изготовления цепей представлен на фиг. 56 (рис. 5—8).

С усовершенствованием методов электрической сварки металлов в течение последнего времени получают все большее и большее распространение специальные сварочные машины для электрической сварки цепей. Для этого цепи предварительно изготовляются на автоматических станках из волоченной (калиброванной) проволоки, и уже после этого отдельные звенья свариваются в стык при помощи упомянутых машин. Описание этих машин приведено в соответствующем месте в дальнейшем.

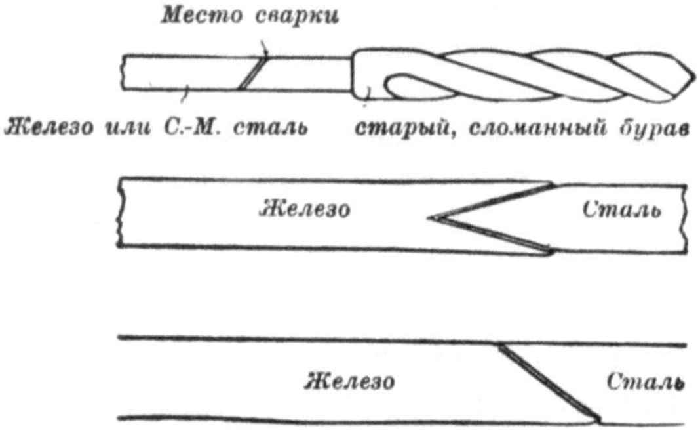

Фиг. 59. Примеры приварки сломанного стального инструмента к стержню из железа или обыкновенной мягкой стали.

Горновая сварка в инструментальном деле.

Приварка сломанного стального инструмента к мягкому стержню.

Сломанный инструмент часто может быть исправлен приваркой его к стержню из железа или обыкновенной стали. Примеры таких сварок представлены на фиг. 59. Для большей прочности соединения применяют сварку со скашиванием концов или еще в паз. Размер стержня должен обеспечивать возможность надлежащей проковки места сварки. Образующаяся при нагреве окалина удаляется перед сваркой краем молотка или грубым напильником.

Наварка пластинок быстрорежущей стали.

Вместо того, чтобы изготовить весь инструмент (резец) из дорогостоющей быстрорежущей стали можно значительно понизить расход стали приваркой пластинок высокосортной стали к обыкновенной стали или железу. Этим путем достигается значительно лучшее использование дорогого материала, ибо небольшая пластинка высококачественной стали выполняет функции резания с таким же успехом, как и в том случае, когда весь резец изготовлен из этой стали. Этим достигается существенная экономия, так как расходы по сварке весьма незначительны. Это обстоятельство является причиной быстрого распространения этого способа изготовления резцов в практике обработки металлов. На фиг. 56 пред-

Фиг. 60. Наварка пластинок быстрорежущей стали.

ставлен подобный резец с приварной пластинкой из быстрорежущей стали. Место для приварки пластинки должно быть подготовлено предварительно ковкой в горячем виде или механической обработкой в холодном состоянии. Последний способ применяется фирмой *G. Wagner*[1]) в Рейтлингене (Вестфалия) и имеет то преимущество, что работа производится независимо от кузницы и без затраты топлива.

Для разрезывания пруткового материала под прямым или острым углом для державок применяется циркулярная пила, а для подготовки места для приварки пластинки — простой фрезерный станок с цилиндрической фрезой (фиг. 61). Зажимное приспособление для стали позволяет употреблять, как правые, так и левые резцы, гарантируя правильность формы, причем надлежащая глубина резания достигается легкими ударами (фиг. 62—64).

[1]) J. Schiefer u. E. Grün, Lehrgang der Härtetechnik, стр. 174.

Фиг. 61. Фрезерный станок с пилой для подготовки резцов.

Фрезеровка державок совершается большей частью в двух операциях и продолжается около 5 минут для резца 30×20 мм., включая и установку. Одновременно производится тем же рабочим резание полосы при помощи циркулярной пилы, соединенной с фрезерным станком.

Для нарезки пластинок быстрорежущей стали применяет-

Фиг. 62.

Фиг. 63.

Приспособления для зажима резца при его обработке.

Фиг. 64. Приспособления для зажима резца при его обработке.

ся ленточная пила или приводной ножевочный станок, причем для каждой формы резца имеется зажимное приспособление, обеспечивающее точные и правильные размеры пластинок.

Нагревание пластинок и основ для резцов производится в газовой печи, работающей на сжатом воздухе, причем одновременно нагреваются три пластинки. Газовые сварочные печи получили в последнее время значительное распространие для этой цели. После нагрева до светло-красного каления удаляют быстрообразовавшуюся окалину, сокребывая ее каким

Фиг. 65. Ручной пресс с матрицами для выгибания боковых резцов.

либо острым инструментов, напильником, или при помощи проволочной щетки. Затем покрывают место сварки сварочным порошком при помощи ложки, не вынимая изделий из огня и не подвергая их действию воздуха.

Фиг. 66. Общее расположение оборудования для изготовления резцов с наварными пластинками.

После этого складывают свариваемые части соответствующим образом и слегка прижимают друг к друга без удара. Сложенные части опять подвергаются действию огня и нагреваются до надлежащей температуры сварки, т. е. до 1100°

—1200° C, после чего переносятся на рычажный пресс, где и производится сварка между обжимками, форма которых обеспечивает правильное нажатие и сохранение формы оковы и пластиики. При этом способе работы отпадает всякая

Фиг. 67. Общее расположение оборудования для изготовления резцов с наварными пластинками.

дополнительная обработка, неизбежная в тех случаях, когда место для пластинки подготовляется не фрезировкой, а ковкой. Ввиду этого и окончательная шлифовка производится легкю и быстро.

Приготовление державок для боковых резцов производится в нагретом состоянии при помощи ручного пресса, снабженного соответствующими матрицами (фиг. 65).

При целесообразном расположении оборудования (фиг. 66 и 67) и надлежащей организации работы три человека могут изготовлять 120—150 резцов, включая шлифовку и закалку [1]).

Необходимое обжатие для сварки может быть осуществлено и при помощи шпидельного (винтового) пресса (фиг. 68),

Фиг. 68. Винтовой пресс для наварки пластинок.

а также ручным способом, применяя обжимку и нанося на нее удары кувалдой.

После сварки следует охлаждать инструмент медленно, чтобы избежать возможности возникновения усадочных трещин.

---

[1]) Закалка производится в струе сжатого воздуха после нового нагрева.

Различные типы готовых резцов с наваренными пластинками из быстрорежущей стали представлены на фиг. 69.

Фиг. 69. Готовые резцы с наваренными пластинками.

Горновая сварка в процессе производства сварных труб.

Сварные железные трубы, как правило, изготовляются с продольным швом из полосы, причем края полосы, загнутой в трубку, могут быть сварены, как в стык, так и со скашиванием краев (в накладку). Металлом служит мягкое хорошо сваривающееся железо, которое либо прокатывается ввиде полос требуемой ширины, либо ввиде листов, разрезаемых на полосы при помощи циркулярных ножниц.

Фиг. 70. Сварка труб в нахлестку.

Края полосы скашиваются (см. фиг. 70) на строгальном станке, напоминающем по своей конструкции волочильный станок, или на валках; угол α не следует делать слишком малым, ибо острый край во время нагрева легко сгорает. Равномерность скашивания краев имеет существенное значение для получения равномерной толщины стенки трубы. Ширина полосы равна окружности трубы, увеличенной на величину напуска, а толщина должна быть на ½ до 1,5 мм. меньше толщины стенок готовой трубы. Скашивание краев полос может быть произведено прокаткой полос в специальных вальцах (см. фиг. 71).

Один конец полосы нагревается до красна на длину 200—300 мм. и загибается в трубку от руки, для чего пользуются чугунной матрицей с цилиндрическими углублениями. Конец получающейся конической трубки (фиг. 72) должен быть несколько меньшего диаметра, чем изготовляемая труба.

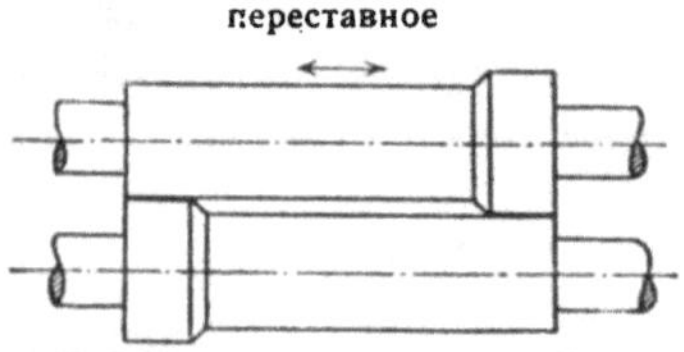

Фиг. 71.
Вальцы для скашивания краев полос.

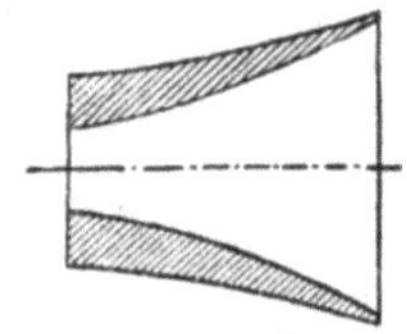

Фиг. 72.
Воронка для свертывания полос.

Приготовленная таким образом полоса, нагревается по всей длине до красна в особой калильной печи и свертывается в трубку протягиванием при помощи волочильного станка через особое воронкообразное кольцо (фиг. 72), укрепленное вблизи выхода полосы из печи. Для этой цели один рабочий просовывает свернутый конец полосы через воронку, а второй рабочий захватывает его по выходе с другой стороны клещами, прикрепленными к тележке, движущейся на волочильном станке, в то время как первый рабочий

Фиг. 73.
Оправка.

Фиг. 74.
Скоба (поперечина) для удержания оправки.

вводит во внутрь свернутой части полосы оправку (фиг. 73), которая прижимает напущенные друг на друга края к воронке перед выходом из нее. Оправка удерживается на месте поперечиной (фиг. 74), упирающейся своими концами на край воронки. Для материала, превышающего по толщине 6 мм., обычно не применяют оправки, так как более толстые полосы свертываются хорошо и без оправки. Равномерность нагрева полосы и температура нагрева имеют важное значение для удачи этой операции, так как слишком сильно нагретые полосы настолько размягчаются, что помимо свертывания они вытягиваются, причем уменьшается их диаметр. Края свернутой трубы не должны касаться друг друга, а между ними должен оставаться зазор в 3—4 мм. во избежание возможности сваривания их в печи. Часть воронки, обращенная в сторону волочильного станка, имеет форму спирали, благодаря чему достигается правильное перекрытие краев полосы. Свертывание полос может быть произведено и при помощи пропуска через серию последовательных валков с выточенными ручьями надлежащего профиля.

Подготовленные таким образом трубы поступают в сварочную печь, где кладутся швом вниз, и по достижении требуемой температуры пропускаются через пару ручьевых валков, где сложенные края подвергаются необходимому давлению для осуществления сварки.

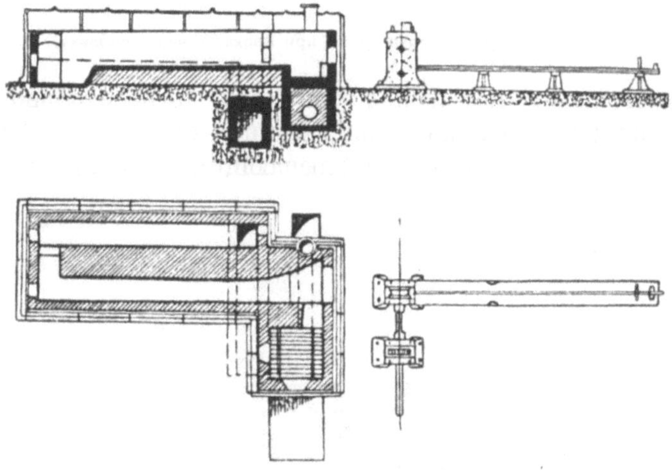

Фиг. 75. Общее расположение печи и прокатных валков.

Для достижения равномерного нагрева полосы печь обычно имеет ряд топок, расположенных по длине ее. Длина печи должна превышать максимальную длину изготовляемых труб (обычно она равна 7,5—8,5 м.). Расход топлива (угля) равен 80—120% от веса изготовляемых труб.

Валки имеют диаметр от 650 до 950 мм. в зависимости от диаметра изготовляемых труб и делают от 80—120 оборотов в минуту. Ручей, выточенный в каждом валке, представляет собой половину круга, вытянутого несколько в направлении длины валка. Это имеет целью воспрепятствовать образованию заусенцов боковыми краями ручья. Взаимное расположение валков и печи показано на фиг. 75.

Проходя между валками, труба протягивается трением валков через оправку (фиг. 76) из закаленного чугуна или стали, надетую на конец железного стержня, упирающегося при помощи кольца, наваренного на другом конце, в угольник на заднем конце стола.

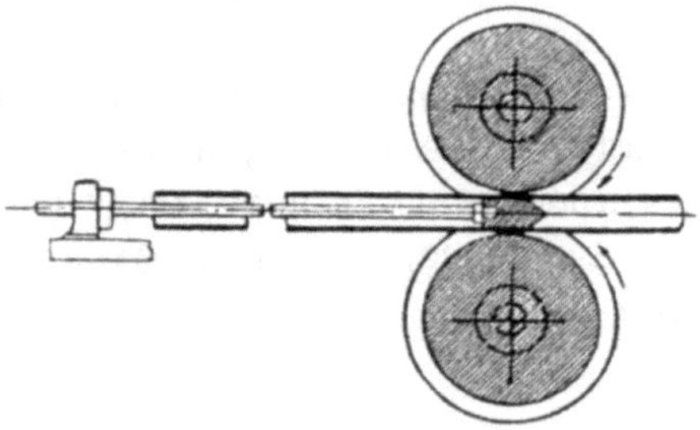

Фиг. 76. Процесс сварки трубы при прокатке через оправку.

Правильное положение оправки относительно валков обеспечивается надлежащей длиной стержня S (фиг. 77) и способом укрепления его, исключающим возможность сдвига.

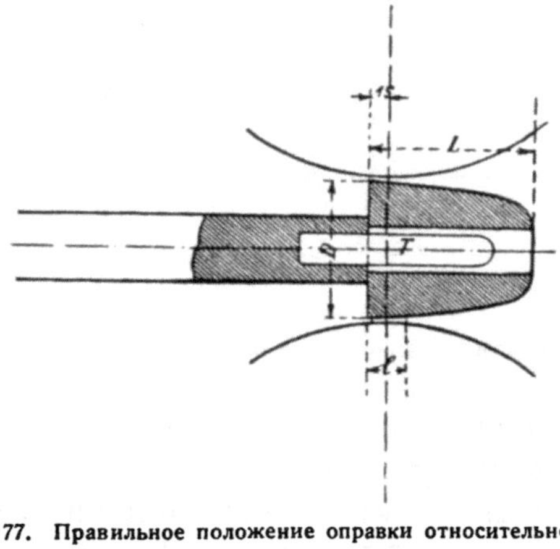

Фиг. 77. Правильное положение оправки относительно валков.

Для ввода трубы в калибр захватывают конец ее при помощи особых клещей с длинными ручками и быстро надвигают на оправку швом кверху, пока ее не увлекут валки с собой. Скорость вращения валков больше при прокатке тонкостенных труб, чем при прокатке более толстостенных труб, ибо первые охлаждаются быстрее, а между тем температура не должна упасть ниже сварочного жара перед проходом через валки.

Прокатанную трубу снимают со стержня и снова помещают в сварочную печь для подогрева к вторичной прокатке. Перед вторым пропуском через валки трубу повертывают на 60° для выравнивания возможной разницы в толщине стенки трубы. При втором пропуске берется оправка несколько большего диаметра, чем при первом проходе, для обеспечения достаточного давления валков. При вторичном нагреве труба помещается в печь в перевернутом виде для выравнивания возможной разницы температуры печи в переднем и заднем конце. Поэтому вторичная прокатка производится уже в другом направлении. Если после осмотра трубы после второго прохода окажется, что сварка еще неудовлетворительна, или когда нужно получить трубы, отличающиеся особенно хорошими качествами, то трубу после надлежащего нагрева до температуры сварки подвергают третьей прокатке, применяя несколько бо́льшего диаметра оправку и повернув ее опять на 60°.

Из вышеизложенного следует, что для каждого данного диаметра трубы требуется особая пара валков. Ручьи должны иметь точные размеры, поэтому валки должны быть переточены после нескольких дней работы.

Диаметр оправки должен быть выбран с таким расчетом, чтобы зазор между оправкой и калибром был менее толщины стенки трубы на некоторую величину, а именно: при первом проходе на 0,10—0,3 мм. и при втором проходе на 0,5—0,6 мм.

После окончания сварки и остывания до темнокрасного каления трубы протягивают при помощи волочильных станков через остро отточенные чугунные кольца несколько меньшего диаметра, чем диаметр калибра. Этой операцией достигается точность размера (калибровка) и чистота поверхности труб.

Описанным способом изготовляются трубы диаметром от 1,5" до 16".

Сварка труб спиральным швом.

Трубы, подверженные внутреннему давлению, напряжены в большей степени в направлении окружности, чем в продольном направлении, и поэтому трубы, сваренные продольным швом, являются наиболее слабыми в направлении наибольшего напряжения (см. фиг. 78). Это обстоятельство повело к способу приготовления труб со сварным швом, расположенным по винтовой линии. Для этой цели железные полосы

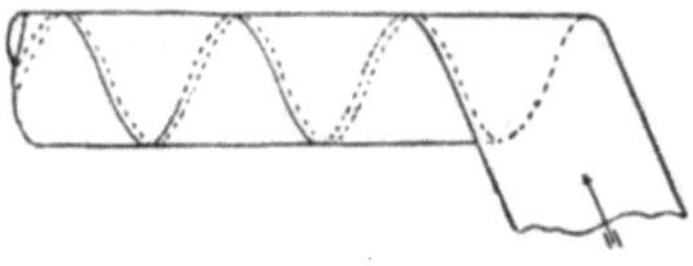

Фиг. 78. Труба, сваренная спиральным швом.

изгибаются спиралью, причем одновременно производится сварка смыкающихся краев. Сварка производится при помощи особых машин после нагрева шва пламенем водяного газа.

Этим способом изготовляются железные трубы внутреннего диаметра от 6" до 24" при толщине стенок от 2,5—5 мм.

Сварка труб в стык.

Для сварки трубы в стык к концу полосы приваривают круглый стержень и загибают края полосы (фиг. 79). Затем протягивают полосу при сварочной температуре через воронку без применения оправки, причем края смыкаются (фиг. 80) и под давлением, вызываемым протяжкой, свариваются. Для получения достаточного давления ширина полосы должна быть несколько больше, чем это вызывается внешним диаметром трубы.

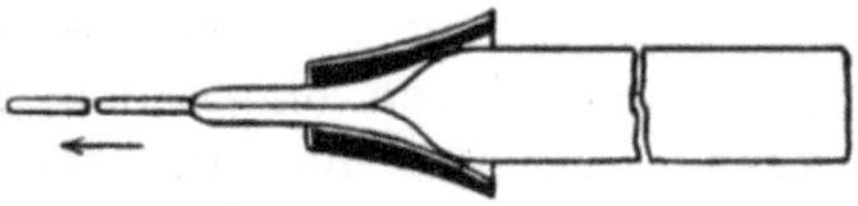

Фиг. 79.
Полоса с приваренным стержнем протягивается через воронку для одновременного свертывания и сварки краев в стык.

Фиг. 80.
Разрев через трубу, сваренную в стык.

Нагрев полос производится в сварочной печи, как при сварке труб в напуск Протяжка производится на волочильном станке, расположенном перед печью. Каждую трубу протягивают через воронку один или несколько раз в зависимости от толщины стенки.

После окончания сварки протягивают трубу через кольцо определенного диаметра для придания точного размера (калибровки).

Для достижения хороших результатов весьма важно, чтобы края полос были параллельны и срезаны прямо.

Подобные трубы, сваренные в стык, применяются преимущественно для газо- и водопроводов, для парового и водяного отопления, а также для небольших труб при небольшом внутреннем давлении. Они изготовляются в размерах от $^1/_8$" до 2" внутреннего диаметра и в торговле обычно называются газовыми трубами.

Вышеприведенные примеры достаточно иллюстрируют широкую область применения сварки железа в пластичном состоянии в различных отраслях металлопромышленности. Однако, нельзя не упомянуть о классическом примере сварки железа, т. е. о сварке п а к е т о в м и л ь б а р с а (катанных плоских полос, полученных при прокатке обжатых криц), являвшейся до второй половины 19-го века одной из важнейших операций в процессе производства сварочного железа. Для этой цели полосы, полученные после прокатки и разрезанные на части равной длины, складываются в пакеты или пачки прямоугольного сечения (фиг. 81), перевязываются

Фиг. 81. Пакет мильбарса, приготовленный для нагрева в сварочной печи.

проволокой и после нагрева в сварочной печи до сварочной температуры обжимаются в ручьевых прокатных валках, где и происходит сварка под давлением валков. Обжатый и сваренный пакет прокатывается далее в сортовое железо разных профилей. Способ складывания полос в перевязку, изображенный на фиг. 81, применяется с целью устранения возможных несварок и расщелин. В настоящее время производство сварочного железа удержалось на весьма немногих заводах.

На 1 пуд газовых труб, сваренных в стык, нужно 1,75 пуда мартеновской болванки; на 1 пуд труб, сваренных в нахлестку, требуется соответственно 2,75 пуда мартеновской болванки.

Применение горновой сварки в деле изготовления резервуаров из листового железа.

При изготовлении резервуаров для целей нагрева может служить кокс и водяной газ. Сварка водяным газом отличается быстротой и чистотой. Вместе с тем, однако, применение кокса неизбежно при изготовлении пустотелых изделий малого размера, когда горелку для водяного газа нельзя поместить внутри изделия; нагрев же с одной наружной стороны может иметь своим последствием пережог металла снаружи, прежде чем металл с внутренней стороны достигнет требуемой температуры.

Сварка на коксовом горне.

При этих работах применяются три типа соединений: сварка в стык, в накладку и со вставкой клина. На фиг. 82

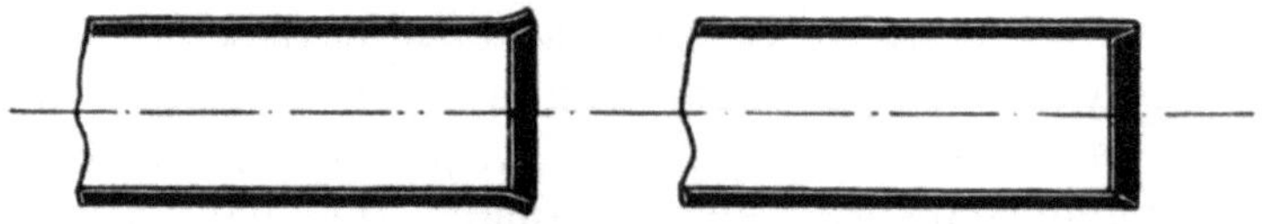

Фиг. 82. Приварка в стык днища к цилиндрической части пустотелых изделий.

представлен способ приварки днищ в стык, в то время как фиг. 83 и 84 иллюстрируют способ применения сварки в

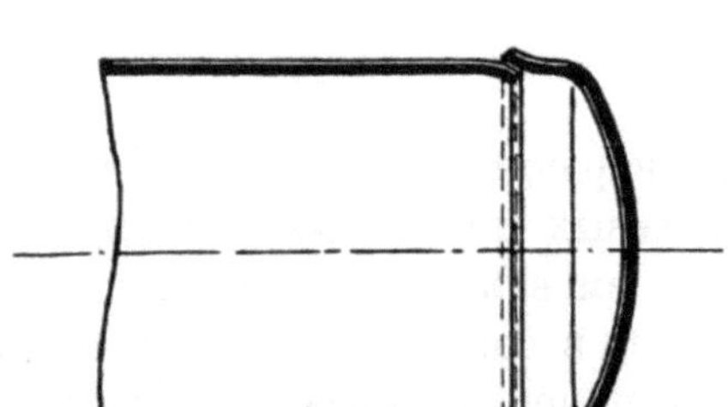

Фиг. 83.
Приварка днища в нахлестку.

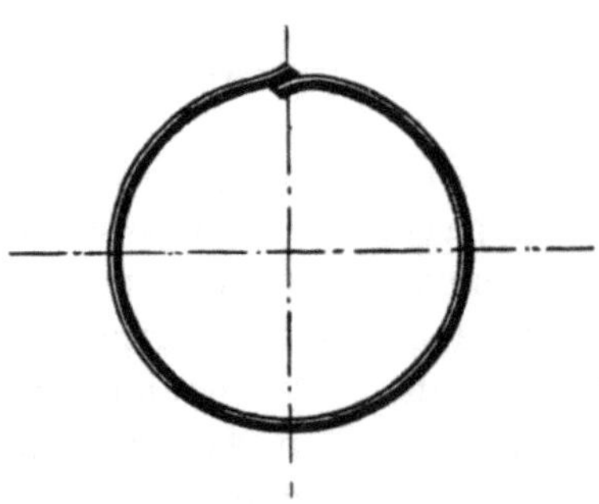

Фиг. 84. Сварка продольного шва цилиндра в нахлестку.

накладку для приварки днища и изготовления продольных швов. Изготовление цилиндрического шва при сварке труб со вставкой клина представлено на фиг. 85.

Применение сварки в стык весьма ограничено. В деле изготовления сосудов она применяется лишь, когда последние предназначаются для небольшого внутреннего давления при сравнительно малых размерах и значительной толщине днища. Это имеет место при изготовлении водосборников, водотрубных паровых котлов и других недоступных изнутри частей. Изгибающие напряжения, возникающие в подобных днищах, могут быть обезврежены применением установочных болтов.

Для получения хороших результатов необходимо, как видно из фиг. 82, приготовить днище несколько большего диаметра и расширить конец цилиндрической части, чтобы иметь некоторый запас для последующей проковки. С внутренней стороны днище обычно делается на 10 мм., а с наружной стороны на 15—20 мм. более внутреннего диаметра цилиндрической части. Этим способом можно сваривать листовой материал до 60 мм. толщиной. Для получения прочной сварки рекомендуется сваривать каждое место два раза.

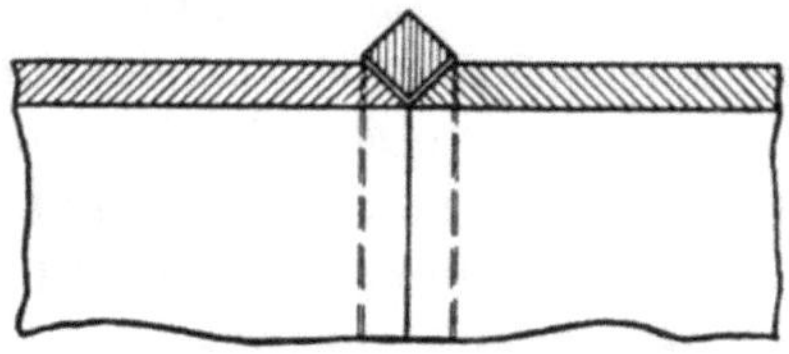

Фиг. 85. Сварка кольцевого шва со вставкой клина.

Сварку в накладку следует предпочесть всякому другому роду соединения вследствие ее прочности. Она, однако, дороже сварки в стык, и возможность применения ограничена меньшей толщиной материала. Ширина перекрытия шва обычно равна 1,5—2-ной толщине материала. Предварительное скашивание внутреннего края листа желательно (см. фиг. 83—84) во избежание получения несварок края; с наружной же стороны это не так существенно, так как проковка происходит снаружи, и, кроме того, острый край обычно сгорает. При толщине материала более 30 мм. для проковки необходимо применять механические молота или гидравлические вальцы, так как ручная проковка оказывается уже недостаточной. При нагреве на коксовом горне предельной толщиной материала для сварки листов в накладку является 40 мм., при этом шов имеет уже 80 мм. толщины. Во всех случаях сварки материала выше 18—20 мм. толщины рекомендуется сваривать каждое место с двумя нагревами.

Сварка со вставкой клина применяется к материалу от 40 до 50 мм. толщиной и производится также в два приема.

Во время нагрева металла на коксовом горне следует применять обычные сварочные порошки.

Сварка при помощи водяного газа.

Преимущества сварки водяным газом.

Этот род сварки листового железа получил значительное распространение в течение двух последних десятилетий.

Главное преимущество сварки при помощи водяного газа по сравнению со сваркой с нагревом на коксовом горне заключается в том, что шов по всей длине нагревается равномернее. Нагрев, происходящий с двух сторон равномерно, гарантирует хороший прогрев металла и достижение хорошего качества шва. При целесообразном соотношении газа и воздуха пламя, кроме того, может быть слегка восстановительным, так что поверхность металла остается чистой, т. е, не окисляется, что является важным условием для получения безукоризненной сварки. Главной причиной этого является почти полное отсутствие окалины, которая при проковке шва может до известной степени быть включена в шов. Поэтому шов, полученный при нагреве в пламени водяного газа, отличается в общем большей чистотой по сравнению с таковым после нагрева на коксовом горне. Кроме того, весь процесс сварки происходит быстрее, т. е. со значительной экономией времени, так как для нагрева требуется значительно меньше времени. Обычно нагрев производят с двух сторон двумя горелками, так как шов нагревается весьма быстро и равномерно. Горелки устраиваются таким образом, что они с легкостью передвигаются, благодаря чему облегчается наблюдение за правильной температурой нагрева. Водяной газ не образует при горении копоти, что также облегчает наблюдение за нагревом.

Несмотря на эти преимущества водяного газа, на большинстве заводов нельзя обойтись без коксовых горнов, так как иногда является более предпочтительным произвести нагрев с одной строны водяным газом, а с другой стороны коксом.

О водяном газе.

Водяной газ состоит теоретически из равных частей по об'ему водорода и окиси угерода. Теоретическая температура горения водяного газа равна 2040° C; теплотворная способность его равна 3710 калориям на 1 кубический метр. Однако, практически газ всегда содержит небольшие примеси углекислоты и азота, а кроме того и небольшие количества других элементов. Состав хорошего водяного газа поэтому примерно следующий:

окись углерода	44%	по об'ему,
водород	50%	,, ,,
углекислота	3%	,, ,,
азот	3%	,, ,,

Удельный вес равен 0,54, теплотворная способность такого газа может быть принята равной 2600 калориям; она падает с увеличением содержания углекислоты и азота. При содержании углекислоты более 5—6% водяной газ считается плохим.

Получение водяного газа основано на следующей химической реакции:

$$C + H_2O \text{ (вод. пар)} = CO + H_2$$

12 кг. + 18 кг. дают 14,64 м.³

— 58200 кал. + 30000 кал. = — 28200 кал.

По этой реакции на 1 кг. углерода получается 3,75 м.³ газа; это, однако, только теоретически, так как реакция совершается с поглощением тепла. Практически же применяют не чистый углерод, а уголь, и из одного килограмма получается 2—2,4 м.³ газа.

Наиболее распространенный способ получения водяного газа заключается в следующем: через раскаленный слой угля в газогенераторе пропускают водяной пар, прекратив доступ воздуха. Когда, вследствие вышеуказанной химической реакции, температура раскаленного слоя угля упадет настолько, что образование газа прекращается, то закрывают пар и открывают воздух для возобновления обычного горения и поднятия температуры в генераторе и т. д., попеременно. Продолжительность периода продувания воздуха для поднятия температуры колеблется от 1 до 2 минут, а периода пропуска пара от 5 до 7 минут.

Чрезвычайно важное значение при сварке водяным газом имеет конструкция горелок. Они должны гарантировать возможность получения интенсивного смешения газа и воздуха и достижения наивысшей температуры горения. Чаще всего смешение происходит в самой горелке, в особом пространстве, из которого смесь направляется к продольной щели горелки. Обычно каждая мастерская имеет свой тип горелок, приспособленный к местным условиям работы. Иногда воздух вводится и до горелок; при этом, однако, не исключена возможность обратного перебрасывания пламени в газоприводную трубу, что может быть причиной взрыва.

Количества примешиваемого атмосферного воздуха регулируется таким образом, чтобы газ был в избытке и пламя имело бы восстановительный характер. При конструкции горелок обычно считают, что воздуха должно поступить в два с половиной раза больше по об'ему, чем газа. Принимая во внимание разницу в удельном весе между газом и воздухом, получается, что сечение трубопровода для воздуха должно быть почти в четыре раза более такового для газа. Воздух и газ предварительно компримируются, так как атмосферное давление не достаточно для получения острого и достаточно горячего пламени. Воздух при этом компримируется несколько более с тем расчетом, чтобы он при входе в горелку всасывал бы с собой необходимое количество газа. Это исключает возможность поступления газа в воздухопровод, как и воздуха в газопровод, и уменьшает, если не исключает, опасность взрыва.

Способы соединений и скорость сварки.

Подготовка листов для сварки производится таким же образом, как и при сварке с нагревом на коксовом горне, однако, сварка в стык обычно не применяется при водяном газе. Сварка в нахлестку даёт наилучший шов, почему этот род соединения почти исключительно применяется при сварке водяным газом. Этим способом могут быть сварены листы толщиною до 80 мм. при условии, что проковка производится под механическим молотом. Многие сварочные мастерские практикуют применение сварки со вставкой клина при толщине материала, превышающей 20 мм.

Наиболее выгодной является сварка водяным газом при толщие материалов от 10—15 мм.; листы тоньше 4 мм. не поддаются сварке водяным газом. При применении сварки со вставкой клина могут быть сварены листы до 100 мм. толщиной при условии, что проковка производится под механическим молотом.

Расход газа на 1 погонн. метр шва зависит от толщины материала и может быть принят равным:

при	6	8	10	15	20	25	мм. толщ.
около	70—75	73—78	75—80	90—100	110—120	130—145	куб. метр.

Производительность сварочного стана зависит главным образом от размеров и формы изделий, от длины газовой горелки, давления газа и воздуха и от тщательности, с которой производится сварка. При слишком быстром нагреве легко может случиться, что материал может быть недостаточно прогрет. Ниже приведены приблизительные цифры производительности сварочного стана в погонных метрах в час в зависимости от толщины материала:

толщина материала	10	15	20	25	мм.
производительность стана	2,6	2,2	1,8	1,3	метра
в лучшем случае	5,0	4,2	3,4	2,5	„

Эти цифры относятся к стану, на котором выправка шва производится при помощи вальцов впоследствии; если же выправка должна быть произведена одновременно, то производительность стана соответственно падает.

Количество потребных рабочих, обслуживающих сварочный стан, колеблется от 2 до 4; при ручной же сварке, в зависимости от толщины материала, потребуется от 4 до 7 человек.

Область применения.

При помощи водяного газа изготовляются в настоящее время самые разнообразные сосуды и пустотелые изделия, применяемые для различных целей техники. Некоторые изделия, исполненные сваркой при пользовании водяным газом, представлены на рисунках 86—87. Сварка водяным газом применяется также для изготовления железных трубопроводов большого диаметра, причем длина отдельных труб доходит до 40 метров. Диаметр изделий достигает 3 метров и более.

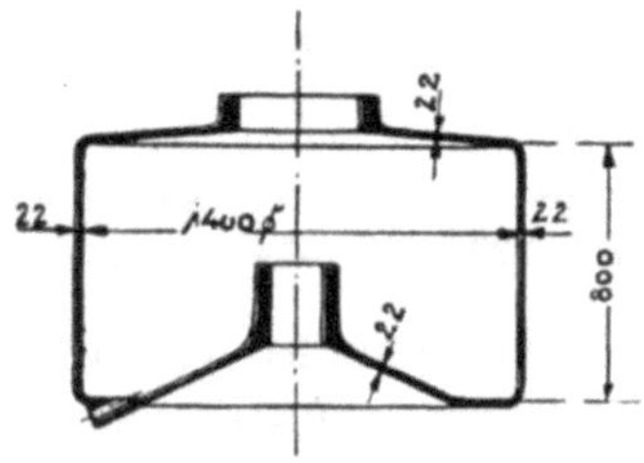

Фиг. 86. Барабан для центрофуги, сваренный водяным газом.

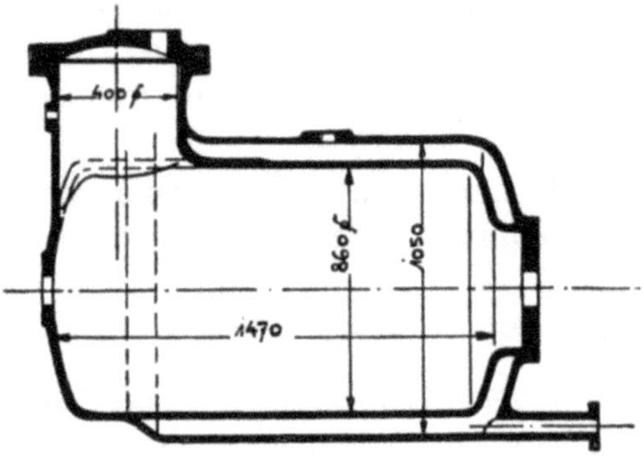

Фиг. 87. Кипятильник с двойной стенкой. Пробное давление 30 атм.

Орудия для производства сварки водяным газом.

Устройство сварочного стана с проковкой под молотом, применяемого при сварке водяным газом, представлено схематически на фиг. 88—89. Цилиндр, предназначенный для сварки, помещается на тележке g на роликах, так что он может вращаться около продольной оси. Вместе с тележкой он также может быть перемещен в продольном направ-

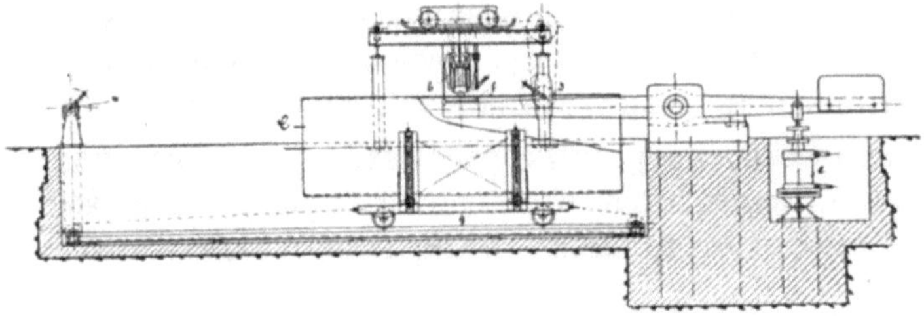

Фиг. 88. Сварочный стан с приковкой шва паровым молотом.

лении при помощи лебедки w. Нагрев производится помощью двух газовых горелок a. После достижения необходимой температуры место сварки перемещается при вращении цилиндра на 60° под паровой молот, так что оно приходится над седлом f, служащим наковальней. После этого седло f прижимается снизу к цилиндру при помощи гидравлического приспособления e, затем наносят по шву быстрые удары паровым молотом b, который может быть перемещен при помощи ручного маховичка d вдоль шва. Для последующего при-

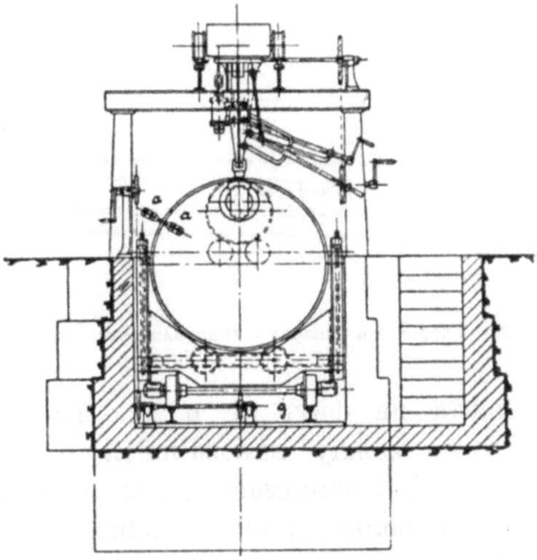

Фиг. 89.

ема цилиндр вместе с тележкой g предварительно продвигается вдоль, чтобы подвести в область действия горелок следующую часть шва. Если тележка стана может быть перемещена на 3 метра, то при перевертывании цилиндра могут быть изготовлены на таком стане отдельные цилиндрические части длиной до 6 метров. Эти части могут быть соединены кольцевым швом, в более длинные трубы.

Иногда устраивают наковальню неподвижной, а тележку g перемещают в вертикальном направлении, пока цилиндр c не коснется наковальни.

Гидравлической сварочный стан отличается от только что описанного тем, что место сварки не проковывается под молотом, а подвергается обжатию при помощи вальцев, находящихся под гидравлическим давлением. Вместо вальцов применяют также и качающийся сегмент более значительного радиуса. Такое устройство имеет то преимущество перед вальцами, что сегмент действует одновременно на бо́льшую поверность. На фиг. 90 представлен гидравлический сварочный аппарат с таким сегментом. Более детально представлено

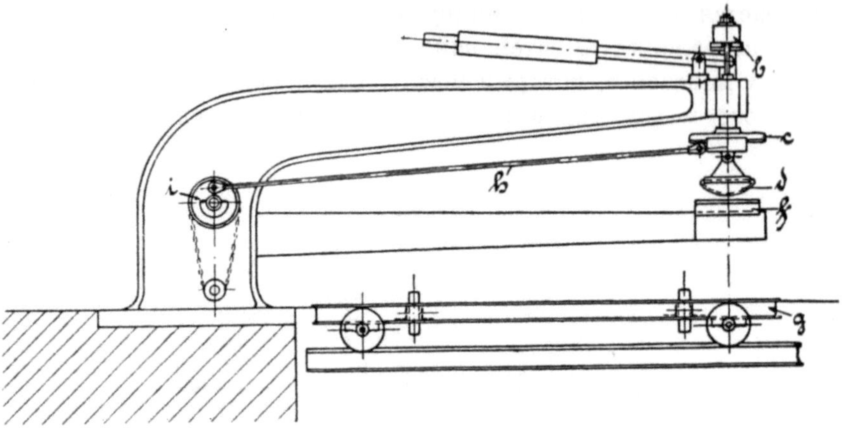

Фиг. 90. Сварочный аппарат с гидравлическим обжатием.

устройство сегмента на фиг. 91 и 92. Шов цилиндра C при сварке лежит между наковальной f и сегментом d (фиг. 91). Последний прижимается при помощи гидравлического цилиндра с большой силой вниз, однако, может в то же время быть перемещен в продольном направлении по длине шва; при таком перемещении сегмент направляется

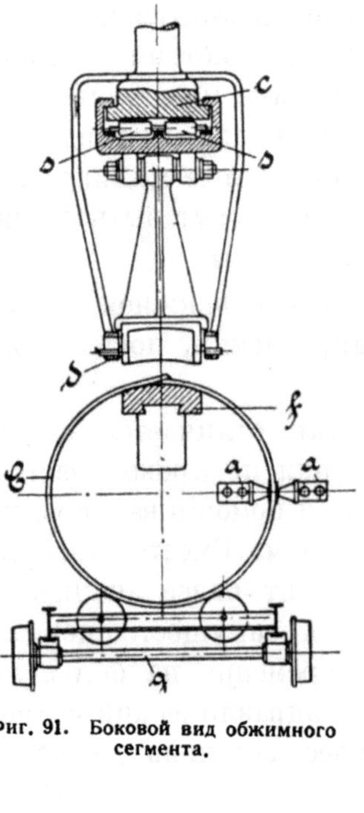

Фиг. 91. Боковой вид обжимного сегмента.

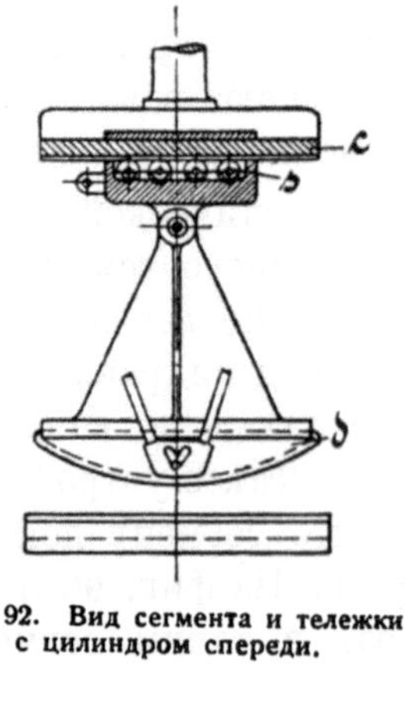

Фиг. 92. Вид сегмента и тележки с цилиндром спереди.

при помощи рельса c и роликов ss в то время, как его нижняя выпуклая поверхность перекатывается по месту сварки. Перемещение сегмента совершается при помощи тяги h и кривошипа i. После обжатия места сварки сегмент d несколько приподнимается, а седло f несколько опускается так, чтобы цилиндр вместе с тележкой g мог быть перемещен для целей нагрева следующей части шва при помощи горелок a a.

При сварке водяным газом материал претерпевает некоторое утолщение в местах, прилегающих к шву, как вследствие неизбежного угара, так и вследствие проковки. При гидравлическом обжатии это утонение меньше.

О величине уменьшения толщины материала, а также об изменении механических свойств металла будет сказано подробнее в главе «О прочности горновой сварки».

Глава IV.

Прочность горновой сварки.

Изменение структуры металла. Перегрев и пережог.

Прочность соединения при горновой сварке в значительной степени зависит от свойств свариваемого материала и от степени совершенства удаления шлака при сварке. Чем мягче железо, тем совершеннее оно сваривается и тем прочнее сварка, т. е. тем ближе будет сопротивление сварки к сопротивлению целого образца. С повышением содержания углерода понижается способность железа свариваться и вместе с тем и прочность сварки.

На понижение прочности места сварки влияет с одной стороны, как упомянуто, несовершенство самой сварки и ослабление металла вследствие роста кристаллических зерен металла в нагретом состоянии (выше 900°) вследствие уменьшения междумолекулярного трения и увеличения степени подвижности мельчайших частиц кристаллических зерен.

Дело в том, что кристаллические зерна внутри металла или сплава имеют стремление принять такую форму, чтобы при данной массе сумма всех поверхностей соприкосновения зерен была наименьшая. В случае чистого металла мы в конечном итоге имели бы массу, состоящую из одного только кристалла, ибо при этом сумма поверхностей соприкосновения будет наименьшая. С ростом кристаллических зерен, следовательно, качество их уменьшается.

При низких температурах скорость роста кристаллов бесконечно мала, другими словами, рост кристаллических зерен нельзя наблюдать. При повышенной же температуре зерна, приобретая большую подвижностть, могут расти тем скорее, чем выше температура, и принять тем большие размеры, чем больше продолжительность нагрева при данной температуре.

Стремление металлических зерен раздвигать свои границы до того, чтобы данный об'ем металла состоял по возможности из одного зерна, можно сравнить с стремлением газа занимать по возможности больший об'ем.

При продолжительном нагреве мягкого железа при температурах свыше 1000° С оно теряет свою прежнюю мягкость и вязкость и делается хрупким. Это явление называется перегревом; оно тем заметнее и наступает тем скорее, чем выше температура нагрева. Наоборот, чем ближе эта температура подходит к 1000° С, тем больше времени потребуется, чтобы вызвать определенную степень перегрева.

Излом перегретого железа обнаруживает в большинстве случаев крупное зерно, что, однако, не всегда имеет место, в частности, напр., когда перегретое железо до излома было подвержено значительной механической деформации. На величину зерна также имеет влияние скорость охлаждения с температуры нагрева до обыкновенной температуры, а именно при быстром охлаждении получается более мягкое зерно (не уменьшая, однако, хрупкости, вызванной перегревом).

Хрупкость, вызванная перегревом, может быть уничтожена быстрым нагревом до температуры выше точки превращения (900° С) с последующим не слишком медленным охлаждением. Однако, практически это может быть проделано только с незначительными массами металла, так как для нагрева значительных масс металла требуется более продолжительное время.

Если железо после достаточно продолжительного нагрева при температуре свыше 1000° С (т. е. перегретое железо), подвергнуть механической обработке давлением (ковкой или прокаткой) до того, как оно успеет охладится до температуры красного каления, то оно после охлаждения до обыкновенной температуры не обнаруживает хрупкости. Следовательно, это указывает нам путь для борьбы с явлением пережога. Это обстоятельство чрезвычайно важно для процесса сварки железа, ибо температура сварки его выше 1000° С, так что хрупкость, вызываемая перегревом, была бы неизбежна. Поэтому и место сварки, и части изделия, прилегающие к нему, могут сделаться хрупкими, если они не будут подвержены механической обработке во время охлаждения до температуры красного каления.

Из вышесказанного можно сделать важный вывод, что не только место сварки, но и соседние части изделия, которые по необходимости тоже нагреваются до сварочного жара и, следовательно, тоже подвергаются перегреву, должны быть прокованы, так как в противном случае место сварки потеряет свою хрупкость, а соседние части останутся хрупкими.

Если во время нагрева металл будет доведен для температуры, близкой к точке плавления его, то в результате получается хрупкость, которая уже не может быть исправлена механической обработкой. В отличие от «перегрева» такое состояние металла, называется «пережогом»; оно сопровождается появлением тончайших пленок окислов, располагающихся на границе между кристаллическими зернами, а также местным обезуглероживанием металла, т. е. химическим изменением металла. При нагреве стали с большим содержанием углерода перегрев и пережог могут наступать при более низких температурах, чем при нагреве мягкого железа. Характерным признаком пережога стали является сильное отделение искр при вынимании из огня, вызываемое упомянутым химическими явлениями. Пережженная сталь весьма хрупка и при ковке дает трещины.

Изменение механических свойств металла.

Многочисленными опытами, произведенными различными исследовательями с целью определения прочности горновой сварки, можно счиать установленным, что при соблюдении необходимых мер предосторожности прочность соединений при сварке литого железа с малым содержанием углерода (до 0,25%) равна в среднем около 90% прочности исходного материала. Относительное удлинение при испытании образцов, характеризующее вязкость материала, не превышает обычно половины его значения для исходного материала.

При повышенном состоянии содержания углерода (0,40 до 0,50%) прочность сварки колеблется в пределах от 70% до 80% оригинальной прочности материала, а удлинение падает до ¼ удлинения исходного материала.

О прочности сварки водяным газом и об изменениях механических свойств металла в месте сварки можно вывести заключение из опытов Гердеса[1]) и Дигеля[2]).

Следует заметить, что во всех случаях сварки материал около шва несколько уменьшается в толщине. Происходит это с одной стороны вследствие незначительного угара металла, а с другой — вследствие утонения материала при проковке шва. При обжатии на гидравлическом аппарате это утонение материала меньше. Вследствие этого утонения, доходящего по опытам Гердеса в среднем до 20%, шов является наиболее слабым местом, даже если сварка произведена безукоризненно и при условии, что механические качества металла не ухудшаются от сварки.

По опытам Гердеса с целым рядом образцов следует, что сопротивление на разрыв сваренного шва (образцы были вырезаны поперек) уменьшилось в среднем на 20,5%, а удлинение материала уменьшилось на 56%. Такое значительное уменьшение удлинения об'ясняется отчасти и тем, что сечение бруска в середине было уже до разрыва меньше, чем по концам.

Принимая во внимание уменьнение толщины материала на 20%, следует, что относительная прочность материала осталась почти без изменения. Опыты Гердеса относятся к 1899 году, когда техника сварки водяным газом еще не была столь развита.

Опыты Дигеля относятся к 1906 году и произведены на заводи Юлиус Пинтш в Берлине. Было взято две серии брусков: одна серия была подвергнута испытанию в сыром виде (как в опытах Гердеса); образцы же другой серии были обработаны, так что материал по всей длине бруска имел одинаковое сечение. Опыты относятся, как к сварке с проковкой шва под паровым молотом, так и к сварке с гидравлическим обжатием при помощи катящегося ролика. Часть образцов была сварена под ударами ручного молота. Из этих опытов можно вывести следующее заключение:

---

[1]) **Gerdes, Zeitschr. d. V. d. I. 1899, стр. 1409.**

[2]) **C. Diegel, Das Schweißen u. Hartlöten, стр. 42.**

a) Опыты с ручной проковкой были произведены с материалом в 10—20 мм. толщины. При сварке материала толщиной 10 мм. сваренные образцы (по 6 образцов) в необработанном виде дали в среднем увеличение сопротивления на разрыв на 6,8% и уменьшение удлинения на 33%, а в обработанном виде увеличение сопротивления на разрыв = 8,7% и уменьшение удлинения — 21,4%.

Для материала в 20 мм. толщиной образцы дали в необработанном виде (6 образцов):

уменьшение сопротивления на разрыв	= 19,4%,
уменьшение удлинения	= 48 %.

Обработанные образцы дали (6 образцов) в среднем:

увеличение сопротивления на разрыв	= 4,9%,
уменьшение удлинения	= 22,8%.

Уменьшение толщины материала при ручной проковке доходило в некоторых образцах (при 20 мм. толщины) до 23%.

b) Опыты с проковкой под паровым молотом были произведены с материалом в 20 мм. толщиной. Для каждой серии было взято по 6 образцов.

Необработанные образцы дали в среднем:

уменьшение сопротивления на разрыв	= 3,5%,
уменьшение удлинения	= 28,3%.

Обработанные образцы дали следующие результаты:

уменьшение сопротивления на разрыв	= 3,2%,
уменьшение удлинения	= 16,0%.

c) Опыты с гидравлическим обжатием были произведены с материалом в 10 мм. (по 12 образцов) и с материалом в 20 мм (по 6 образцов) толщиной.

В необработанном виде образцы дали при материале в 10 мм. толщиной в среднем:

уменьшение сопротивления на разрыв	= 0,65%,
уменьшение удлинения	= 13,5 %,

а образцы из материала в 20 мм. толщиной:

уменьшение сопротивления на разрыв	= 19%,
уменьшение удлинения	= 56%.

Обработанные образцы дали при материале 10 мм. толщиной:

уменьшение сопротивления на разрыв = 9,9%,
уменьшение удлинения = 42,5%,

а при материале в 20 мм. толщиной:

уменьшение сопротивления на разрыв = 12,6%,
уменьшение удлинения = 47,0%.

Уменьшение толщины материала при проковке под паровым молотом в среднем было равно 12,6% первоначальной толщины. При гидравлическом обжатии уменьшение толщины материала около шва было в среднем всего 1,2% первоначальной толщины.

Образцы, сваренные гидравлическим обжатием, обнаружили в общем менее совершенную сварку, чем образцы, сваренные проковкой под молотом. Весьма малое удлинение их об'ясняется тем, что разрыв происходил по месту сварки преждевременно.

Опыты эти показывают, что проковку следует предпочесть гидравлическому обжатию в том виде, как оно применялось. Очевидно, что при гидравлическом обжатии, шлак удаляется менее совершенно, чем при проковке под ударами молота.

Все эти образцы были вырезаны из цилиндров, сваренных в нахлестку.

Профессор Шлимпке[1]) дает следующие средние цифры для сопротивления на разрыв и удлинения сварочных соединений:

	Сопротивление на разрыв в % от исходного материала	Удлинение %
Горновая сварка обыкновенн.	92,2—96	82—86
Сварка водяным газом	78—100	44—87,4

Пробы на изгиб являются довольно хорошим показателем степени совершенства сварки. Нужно полагать, что в будущем этому способу испытания надежности сварки будет уделено больше внимания. Если сваренный образец может быть согнут около места сварки на 180°, то это является признаком хорошей сварки. На фиг. 93 и 94 представлены испытанные этим способом два образца[2]), из которых первый

[1]) P. Schlimpke, Neuere Schweißverfahren, стр. 46.

[2]) См. А. Л. Бабошин, металлография и термическая обработка железа, стали и чугуна, часть 2, стр. 139, изд. 1.

Фиг. 93. Образец плохой свирки.

обнаруживает присутствие несвара, а второй представляет пример хорошей сварки.

Металлографическое исследование является весьма ценным средством для обнаруживания изменения структуры металла при сварке, а также для установления степени совершенства удаления шлака при обжатии металла.

Значительные колебания в прочности и доброкачественности сварочных соединений в достаточной степени подчер-

Фиг. 94. Образец хорошей сварки.

кивают то обстоятельство, что для получения равномерных и надежных результатов при горновой сварке, каким бы способом она не производилась, требуется значительный навык рабочего и технического персонала и что поэтому ответственные работы должны производиться под строгим контролем сведущего персонала при соблюдении всех необходимых мер предосторожности.

Отдел II.

Электросварка методом сопротивления.

Глава V.

Характеристика и основные принципы электросварки методом сопротивления. Общие данные.

Необходимые сведения из физики.

Применение электричества для нагрева металла до температуры сварки и дальнейшее соединение его путем приложения давления было впервые предложено Э. Томсоном в 1877 году. В 1886 году им был получен немецкий патент. При сварке по способу Томсона металл в месте сварки только размягчается, соединение же происходит, как при горновой сварке обжатием или проковкой.

Причиной этого повышения температуры проводника является сопротивление проводника прохождению электрического тока, которое зависит от его природы, температуры, сечения и длины. Ток определенной силы распределяется равномерно по всему сечению провода, поэтому сопротивление его будет тем больше, чем меньше его сечение и чем больше его длина. Следовательно, если не изменяя длины провода, сечение его удвоить, то сопротивление такого провода будет в два раза меньше.

Если же, не изменяя сечения провода, мы увеличим вдвое его длину, то сопротивление его увеличится вдвое.

Для проводника, состоящего из одного и того же материала, при данной длине его и данном сечении сопротивление изменяется в зависимости от степени его нагрева.

Сопротивление некоторых материалов увеличивается с

повышением температуры; такие материалы называются проводниками первого рода. К этой категории относятся все металлы и сплавы.

Сопротивление других материалов прохождению электрического тока при обыкновенных, низких температурах чрезвычайно велико и падает с повышением температуры; такие материалы называются проводниками второго рода. Этим свойством обладает, напр., уголь и целый ряд других материалов. При высоких температурах проводники второго рода делаются в значительной степени электроводными и приближаются в этом отношении к проводникам первого рода.

Для данного материала и данной температуры электропроводность является величиной постоянной.

На основании вышеизложенного можно написать следующее равенство:

$$R = \rho \frac{L}{Q},$$

где — R — сопротивление проводника в омах [1]),

L — длина проводника в м.,

Q — поперечное сечение проводника в кв. мм.,

ρ — коэффициент, зависящий от температуры и природы тела; этот коэффициент называется **удельным сопротивлением** тела.

Удельное сопротивление металлов и сплавов.

Изменение удельного сопротивления металлов и сплавов в связи с изменением температуры изучено точными измерениями для каждого из металлов. Закон изменения удельного сопротивления с изменением температурой можно выразить следующей формулой

$$R_t = R_o (1 + \alpha t),$$

где R_t — удельное сопротивление металла при температуре t° C,

---

[1]) Единицей сопротивления в настоящее время принят 1 ом. Это есть то сопротивление, какое должен иметь проводник, чтобы при разности напряжения на концах его в 1 вольт сила проходящего через него тока равнялась бы 1 амперу. Ом равен сопротивлению столба ртути длиной 1,063 метра и сечением 1 кв. мм. при температуре 0° С.

R_0 — удельное сопротивление металла при температуре 0° C,

α — постоянный температурный коэффициент, который должен быть определен особо для каждого материала проводника [1]).

В нижеприведенной таблице представлены значения удельного сопротивления при 15° C и температурные коэффициенты некторых наиболее часто встречающихся материалов:

Материал	ρ при 15°	α
Медь химически-чистая	0,0162—0,0172	—
Медь проводниковая	0,0175	0,004
Железо	0,10—0,12	0,0048
Железо наклепанное	0,13—0,14	0,0048
Латунь	0,07—0,08	0,0015
Никкель	0,11—0,14	0,0036
Платина прокаленная	0,094	0,0024
Серебро	0,0159—0,0175	0,0036—0,0038
Цинк прессованный	0,059	0,0036—0,0039
Манганин	0,43—0,44	0,000015
Никкелин	0,40—0,43	0,00002—0,00023
Алюминий	0,03	—
Уголь	от 100—1000	0,0003—0,0008

Температурный коэффициент с положительным знаком характеризует проводник первого рода, а с отрицательным знаком — проводник второго рода. Коэффициент α является точным лишь в сравнительно узком интервале температур от 0° до 30° C и поэтому служит только для приблизительного подсчета удельного сопротивления.

Удельное сопротивление проводников второго рода чрезвычайно быстро падает с повышением температуры.

Закон Джоуля и Ленца.

Количество тепла, выделяемого при прохождении электрического тока через данный проводник, выражается зако-

[1]) Более точная формула гласит: $R_t = R_0 (1 + \alpha t + \beta t^2)$, где β — также представляет постоянный температурный коэффициент. Однако, и эта формула является не вполне точной, так как и эти температурные коэффициенты определяются лишь для определенных интервалов температур.

ном Джоуля и Ленца, который гласит, что количество тепла прямо пропорционально сопротивлению проводника, квадрату силы тока и времени прохождения тока. Если количество тепла выражается в грамм-калориях, то закон Джоуля и Ленца выражается следующей формулой:

$$W = 0{,}24 \cdot J^2 \cdot R \cdot t.$$

Здесь W означает количество тепла, выделенное в проводнике, в грамм-калориях,

J означает силу тока, проходящего по проводнику, в амперах,

R означает сопротивление проводника в омах,

t означает время в секундах.

Плохой контакт между двумя соприкосающимся металлическими частями еще более увеличивают сопротивление, и поэтому при достаточной силе тока металл в месте контата будет сильно нагреваться, и степень нагрева легко может быть доведена до сварочной температуры при применении соответственной силы тока.

Продолжительность действия тока для нагрева металла до сварочной температуры может быть весьма незначительной и практически измеряется секундами.

При применении тока большой силы нагрев может быть произведен весьма быстро, а при следующем нажатии полос сварка осуществляется с большой легкостью.

Таким образом, при сварке по методу сопротивления пользуются внутренним сопротивлением металла и сопротивлением стыка самих свариваемых частей.

Это суммарное сопротивление, однако, весьма не велико, почему для быстрого нагрева свариваемых частей до сварочной температуры пользуются большой силой тока. Действительно, на практике нередко применяют силу тока в 50 000 до 100 000 ампер.

Напряжение тока соответственно малому сопротивлению колеблется обычно в пределах от 1,5 до 5 вольт в зависимости от рода выполняемой работы.

Род применяемого тока для сварки по методу сопротивления.

Для электросварки по способу сопротивления большей частью применяется однофазный переменный ток. Постоянный ток не пригоден для этой цели вследствие того, что при требуемой большой силе тока потребовались бы проводники слишком большого сечения, а кроме того встречаются технические трудности в постройке генераторов постоянного тока большой силы при небольшом напряжении.

Вследствие этого обычно пользуются умформерными агрегатами для получения переменного тока, когда в распоряжении имеется только постоянный ток.

Переменный же ток легко трансформируется при помощи трансформатора до любого напряжения, причем имеется еще то удобство, что трансформатор может быть устроен в самой сварочной машине благодаря чему требуются лишь весьма короткие проводники (шины) для тока низкого напряжения и большой силы (для сварочной цепи).

При сварочных установках небольшой мощности, до 10 киловатт, можно пользоваться и переменным трехфазным током, т. к. включение подобных небольших машин не вызовет слишком большой неравномерности нагрузки отдельных фаз.

Обычно пользуются имеющимся в каждом отдельном случае напряжением от 110 до 550 вольт в главной сети.

Если поэтому принять, как крайние пределы, напряжение во вторичной цепи (сварочной цепи) от одного до десяти вольт, то мы, следовательно, при машинах малой мощности от 3 до 6 киловатт имеем дело с силой тока от 1500 до 3000 ампер, при машинах же большой мощности — 100 до 120 киловатт — с силой тока от 50 000 до 60 000 ампер. При этом следует отметить, что мощность сварочной машины должна всегда соответствовать тому максимальному сечению металла, какое может встретиться в практике во избежании возможной перегрузки трансформатора; однако, почти все сварочные машины в настоящее время устраиваются таким образом, чтобы при помощи ступенчатого регулятора можно было бы включить большую или меньшую часть обмотки трансформатора и таким образом регулировать, т. е. уменьшить мощность в зависимости от случая до $^1/_5$ максимальной мошности.

Способ выполнения работы.

Сварка в стык по методу сопротивления применяется главным образом для полосового материала, (пруткового материала) при необходимости сваривания в стык двух концов, отрезанных под прямым углом (см. фиг. 95). Операция сварки производится таким образом, что две соединяемые части, присоединенные к двум клеммам источника энергии (вторичной обмотки трансформатора) и зажатые своими концами в особые зажимы *a* и *b*, приближаются друг к другу настолько, что свариваемые концы касаются друг друга;

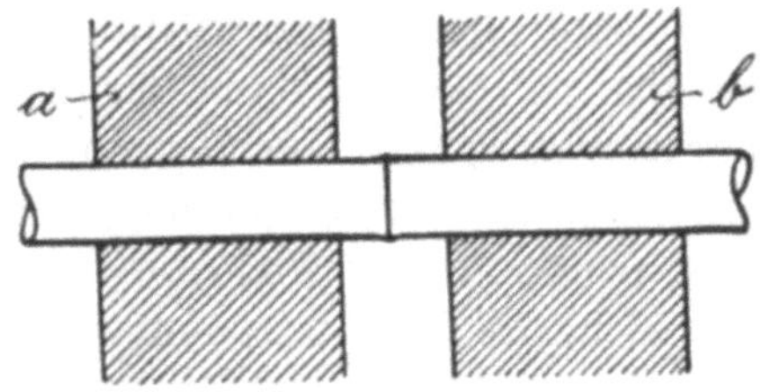

Фиг. 95. Схема сварки в стык по методу сопротивления.

после включения тока температура свариваемых концов быстро поднимается и скоро достигает температуры сварки, после чего ток прекращается и нагретые до температуры сварки концы прижимаются друг к другу, вследствие чего осуществляется сварка, которая в принципе ни чем не отличается от горновой сварки. При нажатии образуется незначительное утолщение вследствие выступления более пластичного метелла (см. фиг. 96).

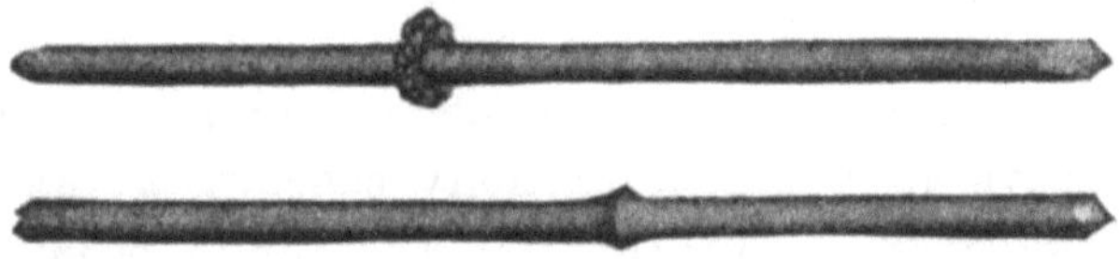

Фиг. 96. Образование утолщения и заусенцев при сварке в стык.

Опытом установлено, что по методу сопротивления могут быть сварены успешно самые разнообразные металлы и сплавы во всевозможных комбинациях друг с другом, как напр., железо с железом и всевозможными сортами стали, железо с латунью, никкелем или сплавами никкеля и меди; платина со сталью, серебром, золотом, латунью; медь с золотом, серебром, со сплавами никкеля и латунью; олово с латунью, цинком или свинцом; латунь со сплавами никкеля и пр.

К недостаткам метода сварки по способу сопротивления

нужно отнести, с одной стороны, необходимость правильного срезывания концов свариваемых частей, а с другой стороны — трудность сваривания сечений различной формы и различных по величине площадей. Кроме того часто наблюдается, что наружний край места сварки обнаруживает несвар вследствие того, что металл снаружи охлаждается окружающим воздухом и поэтому не достигает температуры сварки в то время, как внутренние части свариваемых сечений достигли температуры сварки. Если сечение места сварки не должно отличаться от сечения остальной части полос, то является необходимым подвергнуть место сварки последующему обжатию или проковке для уменьшения сечения его опять до сечения исходного материала.

Типы соединений.

Сварка в стык, нормальным способом.

Вышеописанный способ сварки в стык пруткового материала является нормальным способом выполнения сварки по методу Томсона. Мы видели, что этот метод сварки в сущности ничем не отличается от горновой сварки в отношении процесса осуществления соединения металлических частей. При горновой сварке нагрев производится в горне или печи или же в пламени горящего газа, т. е. при условиях, менее благоприятных для наблюдения за температурой нагрева. При нагреве же электрическим током наблюдение за температурой нагрева чрезвычайно удобно, и поэтому перегрев металла почти исключается.

Кроме того вся операция сварки производится гораздо проще, и поэтому для получения хороших результатов не требуется такого продолжительного опыта и искусства, как для осуществления хорошей сварки при нагреве в горне. Свариваемые поверхности во время нагрева касаются друг друга и поэтому не подвержены действию кислорода воздуха в такой степени, как это имеет место при нагреве в атмосфере печных газов, содержащих обычно большой процент свободного кислорода.

При неплотном прикосновении свариваемых концов нагревание происходит неравномерно, и кроме того при дальнейшем обжатии не достигается хорошого соединения. Этот недостаток сварки методом сопротивления привел к другому способу выполнения работы, а именно к способу сварки в стык «с оплавлением концов».

Сварка с оплавлением концов в стык.

Этот способ сварки заключается в том, что концы, подлежащие сварке в стык и зажатые в зажиме, приближаются друг к другу настолько, что при включенном токе начинает проскакивать между концами искры (около 3—4 мм.). Цепь остается замкнутой до тех пор, пока концы не начнут оплавляться. При этом периодически несколько приближают и удаляют концы друг от друга, благодаря чему частицы металла, достигшие температуры плавления, временами замыкают цепь и в то же самое время выжимаются из места стыка. По истечении нескольких секунд вся площадь стыка нагрета до равномерной температуры, после чего их прижимают сильно друг к другу и таким способом осуществляют сварку.

Главное отличие этого способа от нормального способа сваривания в стык заключается в том, что, благодаря возникновению искр, сменяющихся попеременно или временами вольтовыми дугами, область нагрева металла распространяется на меньшую длину (расстояние от концов), чем при пропускании в замкнутой цепи, т. е. когда свариваемые концы приведены в тесное соприкосновение до включения тока.

Вид места сварки в значительной степени отличается (см. фиг. 96), т. к. часть металла выжимается в жидком состоянии. Образующиеся заусенцы тоньше и легче удаляются, чем при сварке нормальным путем по методу сопротивления. При этом часть металла теряется вследствие перехода его в жидкое состояние; количество теряемого металла приблизительно равно по длине толщине свариваемых полос.

Этим способом удается сваривать весьма сложные сечения фасонного железа, как например, тавровые, двутавовые сечения, трубы, инструменты и пр. Кроме того при этом способе нет необходимости в правильном срезывании концов свариваемых частей, т. к. возможные неровности сглаживаются оплавлением.

Сварка в стык высококачественных сортов стали и сложных профилей с неравномерным распределением масс не удавалась при нормальном выполнении работы, или же достигнутые результаты не были удовлетворительны вследствие того, что высокосортные стали легко перегреваются благодаря большей чувствительности их к температуре; кроме того более тонкие части сечения нагревались быстрее, чем более толстые части, благодаря чему и сварка получалась несовершенной.

Результаты сварки по способу оплавления в большинстве случаев оказываются более благоприятными и в смысле прочности.

Расход энергии при этом в большинстве случаев несколько меньше, а время (продолжительность) операции сварки не больше, чем при нормальном способе выполнения работы.

Сварка в стык высококачественных сортов стали и сложных профилей с неравномерным распределением масс не удавалась при нормальном выполнении работы, или же достигнутые результаты не были удовлетворительны вследствие того, что высокосортные стали легко перегреваются благодаря большей чувствительности их к температуре; кроме того более тонкие части сечения нагревались быстрее, чем более толстые части, благодаря чему и сварка получалась несовершенной.

Результаты сварки по способу оплавления в большинстве случаев оказываются более благоприятными и в смысле прочности.

Расход энергии при этом в большинстве случаев несколько меньше, а время (продолжительность) операции сварки не больше, чем при нормальном способе выполнения работы.

Сварка с оплавлением концов сопровождается сильным выбрасыванием искр, которое еще увеличивается тем, что свариваемые концы то удаляются друг от друга, то приближаются во время нагрева.

Предельными площадями поперечного сечения для сварки полос в стык, как при нормальном выполнении работы, так и по методу оплавления, являются для железа 5000 до 6000 кв. мм. и 1600—2000 кв. мм. для меди.

Метод оплавления в особенности пригоден для сварки в стык металлов с различными температурами плавления и с небольшим интервалом между температурой пластичности и температурой плавления.

Сварка точками.

При этом способе (фиг. 97) соединяемые части накладываются друг на друга, и ток пронизывает всю толщу материала в направлении, перпендикулярном к поверхности металла. Ток проводится с двух сторон при помощи двух металлических электродов. По достижении необходимой температуры сварки нагретые площадки прижимаются друг к другу, причем осуществляется действительная сварка, как и при сварке в стык. Обжатие производится при помощи тех же металлических электродов в состоянии пластичности металла, вследствие чего на месте сварки остается отпечаток электродов в виде небольшого местного утонения материала на свариваемой площадке (см. фиг. 98).

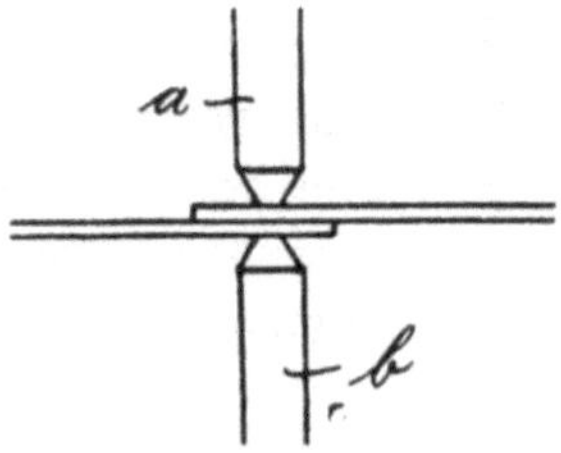

Фиг. 97. Схема сварки точками по методу сопротивления.

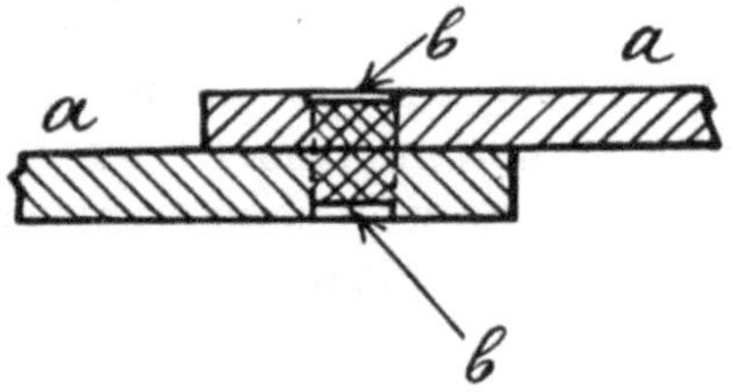

Фиг. 98. Получение отпечатков на поверхности материала при сварке точками.

В тех случаях, когда получение отпечатков электродов на материале почебу либо нежелательно или недопустимо, можно избегнуть получения их с одной стороны применением электрода надлежащей толщины. Электроды в таком случае должны иметь различные диаметры, так что отпечаток получается лишь со стороны электрода меньшего диаметра; с другой же стороны, благодаря большей площади прикосновения электрода свариваемый металл нагревается меньше, вследствие чего отпечаток получается только со стороны более тонкого электрода; этот отпечаток в таком случае будет несколько более глубоким, чем при применении электродов одинаковой толщины.

Этим способом могут быть сварены не только листовой материал при одинаковой толщине листов, но и листы различной толщины, а кроме того и два, три и более листов одновременно. Для сварки, напр., трех листов по 2 мм.

толщины может быть применена та же сварочная машина, что и для сварки двух листов по 3 мм. толщиной.

При сварке материала различной толщины рекомендуется применять со стороны более тонкого материала электрод большего диаметра, чем со стороны более толстого материала. При этих условиях можно, напр., сварить листовое железо толщиною 0,5 мм. с листовым или полосовым материалом толщиною в 10 мм.

Сварка отдельными точками применяется главным образом в тех случаях, где прежде применялись заклепочные соединения: на место заклепки становится место сварки.

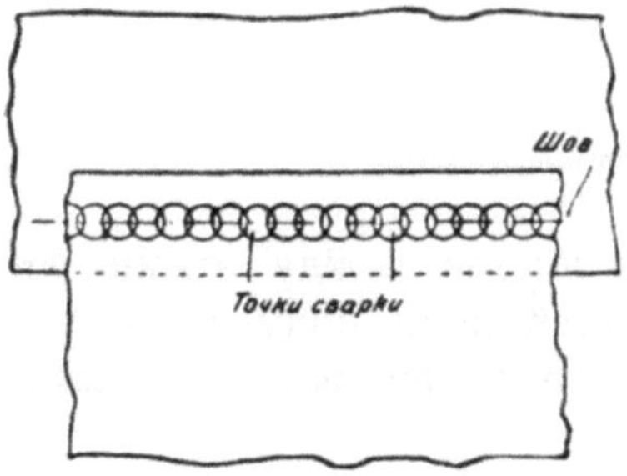

Фиг. 99. Схема сварки швом перекрывающимися точками.

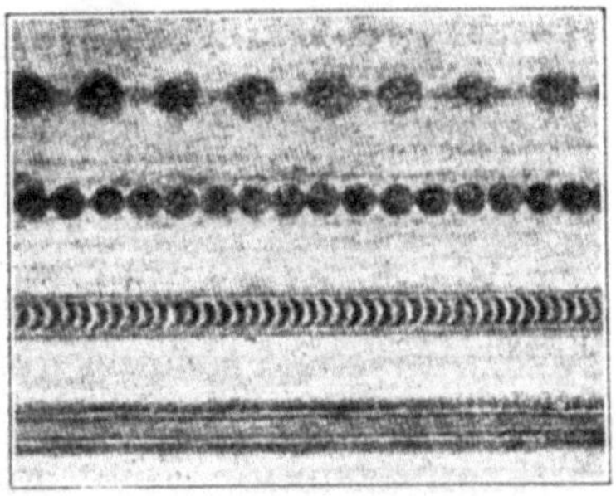

Фиг. 100. Вид швов, сваренных отдельными точками (пунктором) при различном расстоянии между отдельными точками.

Сварка швом.

При расположении отдельных точек, отстоящих друг от друга на небольшом расстоянии, в непрерывный ряд получается сварка швом. Для получения непроницаемых для жидкостей швов отдельные точки могут быть расположены настолько близко друг к другу, что они перекрывают друг друга, чем достигается действительно непрерывный сварной шов, представляющий собой соединение не только прочное, но и непроницаемое для жидкостей. Способ производства сварок точками, перекрывающих друг друга, представлен на фиг. 99 и 100. Подобные швы могут быть изготовлены при толщине материала до 10 мм., однако, на практике этот способ применяется обычно для материала не толще 4—5 мм.

Сварка непрерывным швом.

Сварка непрерывным швом по способу Томсона достигается, если подвести ток при посредстве роликов, прижимаемых с обеих сторон металла (см. фиг. 101).

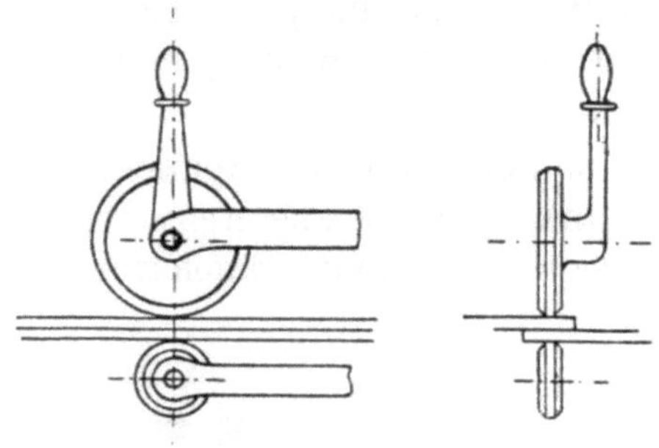

Фиг. 101. Схема сварки непрерывным швом.

При перемещении сложенных листов между этими роликовыми электродами при замкнутой цепи получается как бы непрерывный ряд точек сварки, как и при сварке точками, перекрывающими друг друга.

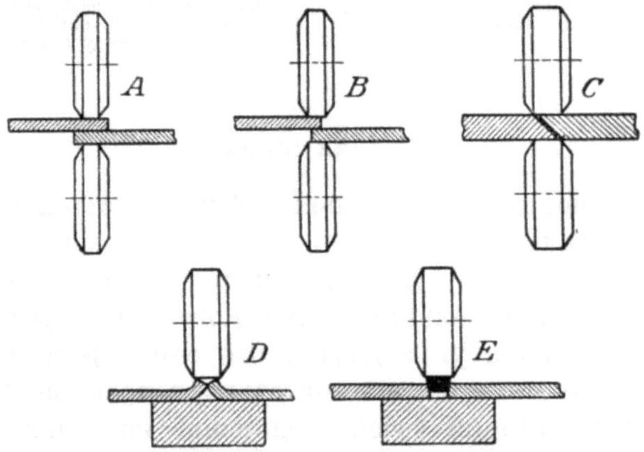

102. Схемы изготовления непрерывных швов различными способами.

Для получения непрерывных сварных швов при помощи роликовых электродов применяются различные методы, представленные схематически на фиг. 102. Здесь A представляет способ получения сварного шва при соединени листового материала в накладку, между тем как B представляет способ получения шва с весьма малым перекрытием листов, благодаря чему размягченный материал под давлением роликов спрессовывается настолько, что шов получается такой же толщины, как и исходный материал. В случае C тот же результат достигается скашиванием краев свариваемых листов, тогда как D представляет способ получения непрерывного сварного шва с гладкой поверхностью благодаря предварительному выгибанию краев листов, подлежащих сварке. Наконец, E представляет способ получения сплошного сварного шва, при котором между краями листов вваривается прутковый материал трапецоидального сечения; этот способ напоминает собою сварку со вставкою клина, рассмотренную нами выше в главе о горновой сварке.

В случаях, представленных под B, C, D и E в результате сварки получается шов с совершенно гладкой поверхностью такой же толщины, как и сваренный листовой материал, причем место сварки с трудом различается невооруженным глазом.

При изготовлении сварных швов с непрерывным перемещением свариваемого материала между вращающимися роликовыми электродами достигаются хорошие результаты, однако, лишь при применении материала, свободного от окислов и ржавчины. При применении грузного или ржавого материала получается, с одной стороны, плохой контакт между электродами и свариваемым материалом, ведущий к быстрому раз'еданию электродов вследствие неизбежного образования небольших кратковременно действующих вольтовых дуг, а с другой стороны, и сварка листового материала происходит несовершенно вследствие неполного удаления окислов при обжатии материала.

Кроме того и поверхность свариваемого материала в месте сварки (т. е. вдоль шва) обнаруживает поверхностные дефекты ввиде неровностей, происходящих от того, что вследствие неравномерного распределения окислов на поверхности металла получается весьма неравномерное нагревание, а следовательно и неравномерное обжатие материала. При тонком материале нередко может случиться, что материал вдоль шва может быть прожжен насквозь вследствие образования местных вольтовых дуг.

Листовое железо, покрытое ржавчиною или окислами, при толщине менее 1 мм. может быть сварено еще с большим трудом; при более толстом материале легче достигается хороший результат.

Верхним пределом толщины материала при сварке непрерывным швом может быть принята толщина 4 мм. Сварка более толстого материала сопряжена с относительно большим расходом электрической энергии.

Сварка прерывистым швом.

Выше описанные недостатки способа изготовления непрерывных сварных швов при непрерывном поступательном движении свариваемых листов послужили причиной появления нового способа изготовления сварных швов, разработанного обществом Электротехнической Промышленности в Берлине. В отличие от предыдущаго способа этот способ может быть назаван способом прерывистой сварки швов.

Этот способ отличается тем, что сварка производится отдельными небольшими этапами следующим образом: Сперва сваривают шов на весьма небольшом разстоянии (2—3 мм.) под равномерным давлением покоющихся роликовых электродов; после этого выключается ток; причем давление роликовых электродов поддерживается еще в течение короткого времени на сваренном месте, так что сваренная часть шва охлаждается под действием водяного охлаждения электродов при постоянном давлении последних. Затем следует дальнейшее продвижение роликовых электродов, увлекающих с собою свариваемый материал, при разомкнутой цепи. После этого, опять включается ток, и весь процесс повторяется снова в том же порядке.

Опытом установлено, что этим способом достигается шов безукоризненной плотности даже при материале, покрытом ржавчиною и окислами. Помимо того шов получается более чистым, т. к. возможность образования вольтовых дуг исключается вследствие того, что ток выключается только при покоющихся электродах.

Вышеупомянутая фирма разработала специальные типы машин, при помощи которых работа по изготовлению сварных швов по вышеописанному методу производится совершенно автоматически. Машина включает ток автоматически, производит сварку, выключает ток и по истечении некоторого времени, необходимого для охлаждения места сварки, перемещает роликовые электроды далее до следующаго места сварки, после чего опять включается ток и т. д.

Разстояние, на которое продвигаются ролики после каждой сварки, зависит от толщины и рода материала и может быть установлено по желанию в довольно широких пределах.

При этом способе свариваемый материал вдоль шва почти не окисляется вследствие отсутствия искр и вольтовых дуг, которые почти неизбежны при непрерывно вращающихся электродах.

Благодаря этому этим способом может быть сварена луженая жесть без повреждения покрова олова. Место сварки представляется только в виде матовой черты, как след роликовых электродов. Кроме того этим способом могут быть сварены листы толщиною 5—6 мм., причем получается плотный и чистый шов.

Для сварки металлов, которые легко коробятся при сварке, как латунь, алюминий, цинк и проч., той же фирмой разработан особый способ сварки швов, заключающийся в следующем: Роликовые электроды перемещаются вперед на определенное разстояние, увлекая с собою материал, например, на 20 мм.; это передвижение производится при разомкнутой цепи. После того, как это движение совершилось, наступает обратное движение роликов при одновременном включении сварочного тока. При обратном движении, однако, электроды передвигаются лишь на половинное расстояние, т. е. на 10 мм., после чего ток выключается, и электроды начинают перемещаться опять вперед на 20 мм.

Фирма указывает на то, что этот способ изготовления сварных швов пригоден для всех металлов, имеющих малую склонность к образованию окислов и что этим способом избегается короблении материала даже таких металлов, как латунь и цинк, при изготовлении продольных, а также и кольцевых швов.

Большого распространения, однако, этот способ сварки не получил.

Сварка пустотелых изделий.

Особый способ исполнения сварных швов применяется при изготовлении пустотелых изделий. Этот способ применяется, напр., при изготовлении носков для чайников или кофейников, пустотелых рукояток и ручек и пр., т. е. таких изделий, которые составляются из двух симметричных штампованных частей (см. фиг. 103 и 104). Подлежащие сварке штампованные части помещаются в сложенном виде между двумя матрицами *a* и *b*. Нижняя часть *b* представляет собою один электрод; она передвигается на поверхности стола *c* таким образом, чтобы зубчатая рейка *z*, прикрепленная к ней и изолированная от нее, сцеплялась бы с зубчаткой, насаженной на другой электрод *d*, имеющей вид вертикального валика, вращающегося во втулке, излоированной от металлического стола *c*. При этом передвижении выступающие края *a*, свариваемых металлических частей прижимаются к вращающемуся ролику *d*, так что сварочный ток проходит через место стыка двух штампованных половинок изделия, причем осуществляется сварка по принципу, представленному на схеме фиг. 102 — D. (См. также фиг. 105.)

Фиг. 103.

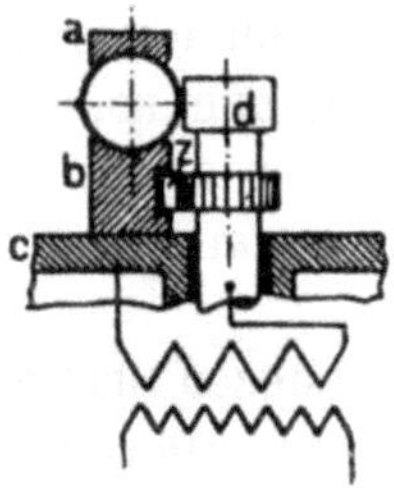

Фиг. 104.

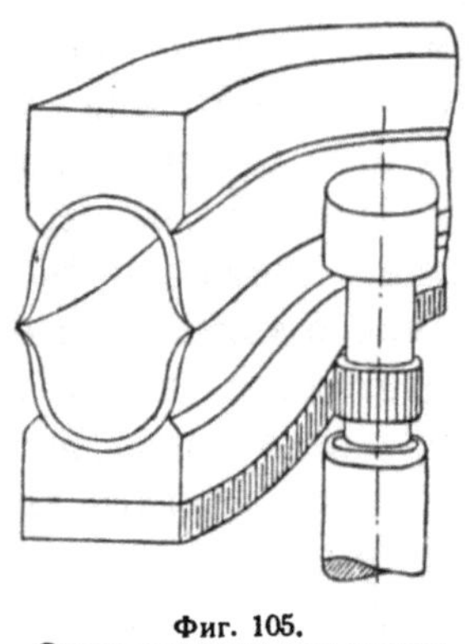

Фиг. 105.
Схема аппарата для сварки пустотелых изделий.

Как видно из фиг. 104 сварочный ток от трансформатора поступает во вращающийся электрод *d*, откуда он через свариваемое изделие и нижнюю матрицу *b* переходит в металлический стол *c* и далее направляется к другой клемме трансформатора.

Подобные сварки, однако, не отличаются чистотой и прочностью. Выступающия края *a* должны быть не менее 1/3 до 1/2 мм.

Условия совершенства сварки по методу сопротивления.

Чистота свариваемых поверхностей.

Из вышесказанного следует, что для получения хороших результатов сварки по методу спротивления важное значение имеет состояние поверхности металла в месте сварки. Как при сварке в стык, так и при сварке точками и непрерывным швом непременным условием получения хорошего соединения является полнота удаления окислов металла при обжатии, производимом после достижения необходимой температуры сварки.

При сварке в стык это удаление окислов совершается легко, когда работа производится по методу оплавления. При этом способе даже при сварке больших сечений имеется полная гарантия удаления окислов и получения прочного соединения металла.

При производстве сварки в стык нормальным способом полное удаление шлака возможно лишь при не слишком большом сечении; при больших же сечениях нет никакой гарантии в полном удалении окислов, почему и доброкачественность таких сварок подлежит сомнению.

При способах сварки точками и швом чистота поверхности металла имеет также немаловажное значение для получения удовлетворительных результатов сварки. Мы видели, что различные способы производства работы дают различные результаты при одних и тех же условиях чистоты поверхности материала, почему при выборе того или другого метода работы должны быть приняты во внимание требования, пред'являемые к изделию, как в отношении прочности. так и в отношении чистоты работ.

Соблюдение условий правильного нагрева свариваемых частей.

Правильная температура нагрева свариваемого металла до соответствующей температуры сварки имеет при электросварке по методу сопротивления не менее важное значение, чем при горновой сварке.

Степень нагрева свариваемых частей легко контролируется при сварке в стык. При сварке одного и того же материала и при одинаковой площади сечения свариваемых частей нагревание двух подлежащих сварке концов будет происходить совершенно одинаково при условии, что выступающие из зажимов части будут иметь одинаковую длину. При этом условии сопротивление прохождению электрического тока двух выступающих частей будет одно и то же, вследствие чего и нагревание будет происходить с одинаковой скоростью.

При сварке меди выступающие из зажима части должны иметь длину, равную двойному диаметру. При сварке железа общее расстояние между зажимами должно быть равно полуторному диаметру свариваемого профиля, так что каждый конец должен выступать на разстояние, равное приблизительно ¾ диаметра.

Такая разница в длине выступающих концов свариваемых частей при сварке меди и железа об'ясняется различным удельным сопротивлением меди и железа. Сопротивление меди прохождению электрического тока значительно меньше сопротивления железа, вследствие чего при одном и том же сечении приходится брать большую длину между зажимами для получения необходимого сопротивления.

Из этого следует, что расход электрической энергии при сварке меди или других металлов и сплавов, являющихся хорошими проводниками электрического тока, должен быть значительно выше, чем при сварке железа и стали.

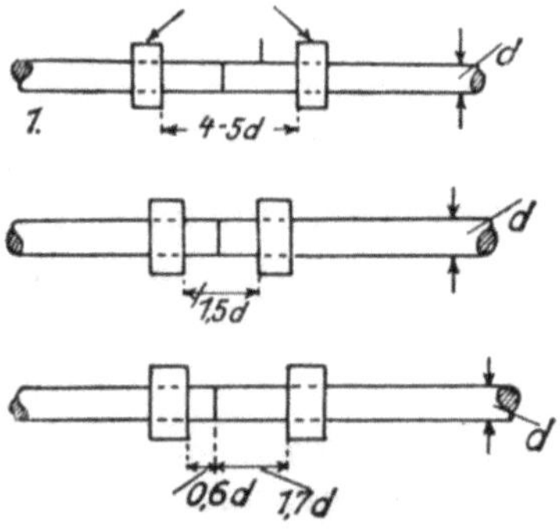

Фиг. 106. Способ захвата полос при сварке в стык различных материалов.

При сварке в стык разнородных материалов длина выступающих концов между зажимами должна быть установлена в зависимости от электропроводности этих металлов. Так, напр., при сварке железа со сталью железо должно выступать на расстояние, равное 1,7 диаметра прутка, а сталь всего на 0,6 диаметра прутка, при условии, что диаметры их одинаковы. Схематически это представлено на фиг. 106.

Условие соблюдения одинаковых площадей сечения.

Общим правилом для сварки в стык по методу сопротивления является применение сечений, мало отличающихся друг от друга по своей форме и площади. Сварка материалов различных площадей сечения возможна только при соблюдении необходимых правил, вытекающих из данных электропроводности свариваемых металлов. Стремления должны быть направлены к тому, чтобы соответствующим направлением тока достигнуть одинакового нагрева свариваемых частей, т. к. в противном случае более тонкие части будут перегреты, в то время, как более массивные части не достигли еще сварочной температуры.

Применение подогрева.

В тех случаях, когда примение одинаковых сечений по конструктивным соображениям невозможно, приходится обращаться к подогреву более массивной части, как необходимому вспомогательному средству. В тех случаях, когда такого рода работы встречаются часто, сварочные машины устраиваются с особым приспособлением для предварительного подогрева более массивных частей при помощи электрического тока.

Особенности сварки различных металлов.

Железо является главным материалом для сварки по способу сопротивления, как и для сварки другими способами. При сварке в стык свариваемые концы должны быть обрезаны под прямым углом, чтобы обеспечить плотный контакт по всему сечению. Когда свариваемые концы не равны и при приближении их происходит прикосновение лишь в некоторых точках, то и нагрев их произойдет неравномерно, вследствие чего в таких случаях сварку осуществляют по методу оплавления.

Сварка листового железа точками и швом осуществляется легко при применении достаточной силы тока. Чистота поверхности металла весьма желательна, однако, и ржавый и покрытой окалиной металл сваривается без труда при применении соответствующей силы тока и при надлежащей продолжительности нагрева.

При слишком длительном действии электрического тока в месте сварки металл может быть перегрет и пережжен, так что место сварки может быть хрупким. При сварке точками и швом температура нагрева не может быть контролирована так тщательно, как это имеет место при сварке в стык, ибо нагреваемое место находится между концами электродов и скрыто от глаза рабочего, так что последний имеет возможность судить о степени нагрева лишь по температуре металла вокруг электородов. Для достижения хороших результатов при сварке точками и непрерывным швом требуется значительно большая опытность рабочего, чем при сварке в стык. В последее время некоторые фирмы применяют автоматические регуляторы, выключающие электрический ток после того, как металл в месте сварки достиг требуемой температуры сварки. При применении такого регулятора сварка может быть произведена и неопытным рабочим.

Сталь может быть сварена методом сопротивления при условии, что содержание углерода ее не превышает 0,75%; при более высоком содержании углерода сталь может быть сварена по способу оплавления. Различные сорта стали могут быть также сварены друг с другом при условии, что будут приняты необходимые меры предосторожности для достижения надлежащих температур сварки одновременно. Более углеродистая сталь, или другой специальный сорт стали, обладающий меньшей электропроводностью, должны выступать из зажимов на меньшее расстояние, чем менее углеродистая сталь, обладающая большей электропроводностью. При соблюдении этих условий к обыкновенной углеродистой стали и железу могут быть приварены все специальные сорта стали. Никкелевая сталь поддается сварке по методу сопротивления легко.

Чугун не может быть сварен по методу сопротивления, так как он при нагреве переходит непосредственно из твердого аггрегатного состояния в жидкое, в отличие от железа, которое, проходя через промежуточно пластичное состояние, может быть сварено в этом состоянии.

Поэтому чугун может быть сварен электрическим током только при помощи вольтовой дуги.

Латунь дает очень хорошую прочную сварку, однако, давление, применяемое при сварке, должно быть меньше, чем при сварке железа. Металл доводится при сварке в стык практически до температуры плавления в месте соприкосновения, а затем должно быть приложено давление, достаточное, чтобы выжать расплавленный или окисленный металл. Ток должен быть выключен перед нажатием, для каковой цели некоторые сварочные устойства снабжаются автоматическим выключателем.

Зажимы должны быть удалены друг от друга на расстояние, равное 3—4-х кратной толщине материала, и сила тока должна быть больше, чем при сварке железа.

Листовая латунь сваривается так же легко и точками, и швом; при применении автоматического регулятора выключение тока происходит во время, и сварка получается весьма хорошего качества.

Медь также может быть сварена в стык по методу оплавления. Сварка меди точками и швом удается только с трудом вследствие ее хорошей электропроводности; все же опытным сварщикам удается сваривать ее успешно при применении достаточной силы тока. Сварка тонкой листовой меди точками и швом удается без труда.

Медь и железо могут быть сваренными друг с другом при условии, что поперечное сечение меди меньше сечения железа в месте контакта, так как медь является лучшим проводником электричества, чем железо.

Оцинкованое железо толщиной от 0,7 мм. и выше может быть сварено точками и швом; при этом, однако, цинк немного сгорает в точках соприкосновения электродов с обеих сторон. То-же можно сказать и о сварке жести — луженого железа.

Алюминий сваривается хорошо в стык, как и точками. Однако, при сварке его необходимо соблюдать особую тщательность вследствие легкой возможности перегрева его.

Способ Чого-Лагранжа.

При этом способе сварки для напрева металла утилизируется тепло, получающееся при прохождении тока через сопротивление. Части, подлежащие сварке, опускаются в сосуд, наполненный водой, к которой для проводимости прибавляют соду или поташ. На дне сосуда помещается свинцовый лист, соединенный с положительным полюсом источника энергии; отрицательный полюс присоединяется при помощи кабеля к свариваемому изделию. Напряжение тока должно быть около 80 100 вольт. На отрицательном электроде, т. е. на изделии, выделятся водород и образует газовую пленку вокруг него, создающую нужное сопротивление для превращения электрической энергии в тепловую. Сквозь жидкость видна электрическая дуга, которая скоро доводит сталь до температуры сварки. Соединение же частей производится проковкой, как при горновой сварке. До настоящаго времени этот способ не получил большого распространения.

Глава VI.

Приспособления и орудия для сварки методом сопротивления.

Описание отдельных частей сварочных машин.

Схемы аппаратов для сварки в стык и точками.

Сварка в стык обнимает все работы по соединению в стык различных профилей, а также при изготовлении колец, цепных звеньев, тяг и т. д. Схема сварочной машины для сварки в стык представлена на фиг. 107. Из рассмотрения этой фигуры видно, что главнейшими элементами сварочной машины является: трансформатор, соединительные шины для подвода тока к сварочному столу, сварочный стол с приспособлениями для зажима и правильной установки свариваемых частей, приспособление для обжатия места сварки, коммутатор для регулирования силы сварочного тока и рубильник для включения сварочного тока.

На фиг. 108 представлена схема сварочного аппарата для сварки точками. Главнейшими частями этой машины являются: сварочный трансформатор подобной же конструкции, как и при сварочной машине для сварки в стык, шины для подвода сварочного тока, рукава с электродами, система рычагов для включения тока и обжатие места сварки, коммутатор для регулирования силы сварочного тока и выключатель для первичного тока.

Работа по производству сварки при помощи этой машины весьма проста. Подлежащий сварке материал вводится между электродами a и b, укрепленными на конце двух рукавов c и d, причем нижний рукав c укреплен неподвижно, а верхний рукав d представляет собою плечо рычага, вращающегося около оси e. При нажатии на педаль f тяга g действует на левое плечо рукава d и приподнимает его, причем верхний электрод прижимается к свариваемому материалу.

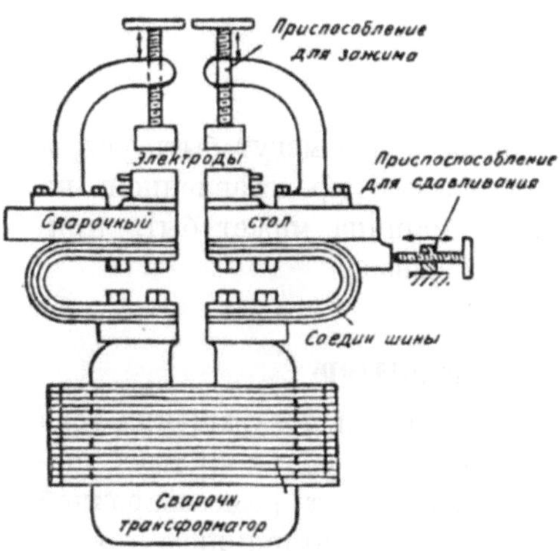

Фиг. 107.
Схема аппарата для сварки в стык методом сопротивления.

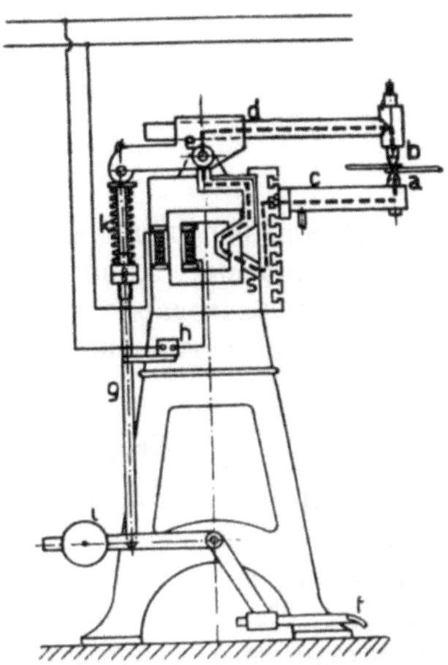

Фиг. 108.

При поднятии тяги g включается одновременно рубильник h, замыкающий первичную обмотку трансформатора. Вторичная обмотка трансформатора, представляет собой в большинстве случаев, простую медную шину s, при помощи которой сварочный ток подводится к рукавам c и d и далее к электродам a и b.

При прикосновении верхнего электрода к свариваемому металлу цепь сварочного тока замыкается, причем ток проходит через место сварки и нагревает его до сварочной температуры, после чего сварка осуществляется под действием давления электродов a и b.

При освобождении педали *f* противовес *l* опускается вниз, вследствие чего правый конец рычага *d* вместе с электродом *b* приподнимается.

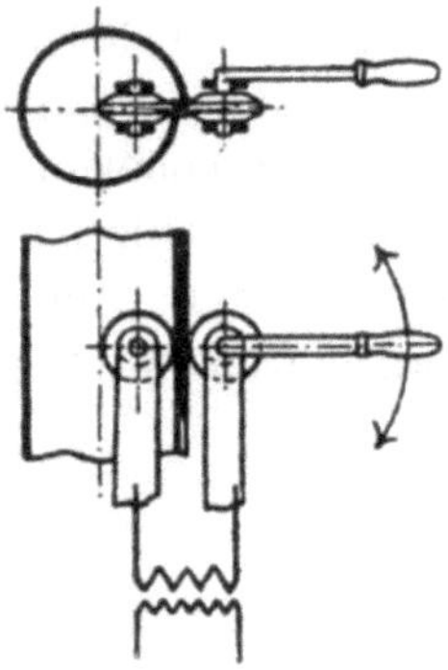

Фиг. 109.

Вместо неподвижных электродов *a* и *b* могут быть устроены роликовые электроды по схеме, представленной на фиг. 109, благодаря чему эта же машина может быть применена для изготовления сварных швов.

Сварочный трансформатор.

Сварочный трансформатор служит для превращения тока обычного напряжения в 110—500 вольт в ток низкого напряжения в 1—10 вольт, в зависимости от рода сварочной работы. Вследствие низкого напряжения вторичного тока и необходимости в большинстве случаев значительного понижения напряжения, вторичная обмотка трансформатора состоит в большинстве случаев только из одного витка, ввиде сплошной медной шины или же пустотелой медной отливки, охлаждаемой циркулирующей водой. Первичная обмотка трансформатора состоит из обычного изолированного медного провода.

Вследствие необходимости применения различной силы тока при сварке в зависимости от рода выполняемой работы, первичная обмотка трансформатора присоединяется к коммутатору, при помощи которого могут быть включены в первичную цепь либо все витки первичной обмотки трансформатора, либо только часть их, в зависимости от того, какое напряжение желательно получить во вторичной, сварочной цепи. При включении всех витков вторичной обмотки трансформатора получается наименьшее напряжение при наибольшей силе тока в сварочной цепи, вследствие чего получается более быстрое нагревание свариваемых частей. При выключении части витков первичной обмотки трансформатора во вторичной сварочной цепи получается ток меньшей силы, и нагревание свариваемых частей происходит медленнее (см. фиг. 110).

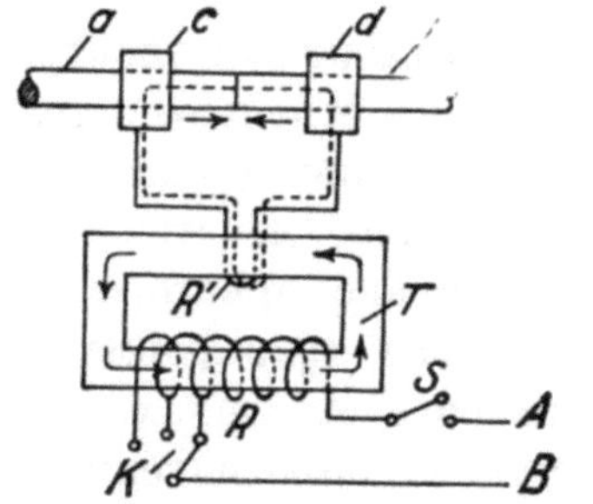

Фиг. 110. Схема присоединения сварочной машины к сети и включения трансформатора.

При постоянной работе сварочной машины может иметь место значительное нагревание трансформатора, во избежание чего он обычно снабжается искусственным охлаждением воздухом, или циркулирующей водой. Особо существенное значение это имеет при сварочных машинах большой мощности. Сварочные машины небольшой мощности и предназначенные для работы с перерывами могут быть устроены без искусственного охлаждения трансформатора.

Трансформатор сварочной машины состоит, как и всякий трансформатор переменного тока, из трех главных составных частей: железного сердечника и двух обмоток — первичной обмотки, по которой проходит ток высокого напряжения, и вторичной обмотки, в которой возбуждается ток низкого напряжения (см. фиг. 110).

Если через первичную обмотку *R*, надетую на железный сердечник *T*, пропустить переменный ток, то в железном сердечнике *T* возникает магнитный поток, т. е., другими словами, железный сердечник намагничивается. Этот магнитный поток проходит по железному сердечнику и пронизывает также вторичную обмотку *R'*, надетую также на сердечник. Железный сердечник имеет назначение сконцентрировать магнитные силовые линии, окружающие проводник электрического тока, для того, чтобы обмоткой перерезывалось как можно больше силовых линий.

Вторичная обмотка R' поэтому перерезывает почти весь поток магнитных силовых линий, возбуждаемых током, проходящим через первичную обмотку.

Железный сердечник состоит из ряда тонких листов железа, изолированных друг от друга бумагой или лаком. Такое устойство вызывается тем обстоятельством, что сплошной железный стержень легко нагревается вследствие возникновения в нем особых паразитных электрических токов; сердечник же, состоящий из отдельных тонких слоев железа, нагревается значительно меньше, благодаря чему повышается и коэффициент полезного действия трансформатора, так как потери энергии в трансформаторе незначительны.

Сила тока в катушках трансформатора обратно пропорциональна числу витков в катушках. Сила тока, необходимая для сварки методом сопротивления, должна быть, как мы видели раньше, весьма значительной. Вследствие этого вторичная обмотка трансформатора, служащая для возбуждения сварочного тока, должна состоять из возможно меньшего числа витков, чтобы отношение числа витков первичной обмотки к числу витков вторичной обмотки, было бы возможно большим. Исходя из этих соображений сварочные трансформаторы устраиваются обычно таким образом, чтобы вторичная обмотка состояла из одного витка; тогда сила тока, возбуждаемая во вторичной обмотке, будет равна силе тока, проходящего по первичной обмотке, помноженной на число витков этой обмотки.

Так, например, если первичная обмотка трансформатора имеет 150 витков и по ней проходит ток, равный 100 амперам, то во вторичной обмотке возбуждается сварочный ток, сила которого будет равна

$$100 \times \frac{150}{1} = 15000 \text{ амперам;}$$

если же количество витков первичной обмотки увеличить до 200, то сила тока, возбуждаемая во вторичной обмотке, при той же силе тока, проходящей по первичной обмотке, и том же напряжении, будет равна

$$100 \times \frac{200}{1} = 20000 \text{ амперам.}$$

Из этого видно, в какой степени сила тока сварочной цепи зависит от числа витков первичной обмотки. Вместе с тем это дает возможность регулировать силу сварочного тока изменением количества витков первичной обмотки. Регулирование количества витков первичной обмотки дает возможность получить различную силу тока во вторичной обмотке; поэтому для регулирования силы сварочного тока может быть применен коммутатор *К* (фиг. 110), позволяющий включить в сеть высокого напряжения большее или меньшее количество витков первичной обмотки.

Соединительные шины.

Соединительные шины должны иметь достаточное сечение для исключения возможности нагрева их; при машинах для сварки в стык они должны обладать и некоторой подвижностью, вызываемой подвижностью зажимов для свариваемых частей. Они обычно изготовляются из меди, причем для получения необходимой подвижности в большинстве случаев применяется листовая медь ввиде ряда полос, сложенных вместе. При их изготовлении должно быть обращено особое внимание на тщательность склепывания отдельных листов, из которых составляются шины в целях получения наименьшего возможного омического сопротивления их. В общем рекомендуется выбирать сечение шин как можно более широким при возможно меньшей толщине их, чем обеспечивается одновременно и хорошее охлаждение и подвижность их.

Сварочный стол.

Сварочный стол служит, с одной стороны, для подвода сварочного тока к зажимам, служащим для укрепления свариваемых частей, а с другой стороны — для осуществления обжатия после нагрева до температуры сварки.

Вследствие этого рекомендуется устроить сварочный стол подвижным из двух частей. При таком устойстве передвижением одной половины может быть регулирована длина зажатия свариваемых концов, передвижением же другой половины стола может быть достигнуто необходимое обжатие материала.

Зажимы и электроды.

При машинах для сварки в стык зажимы служат для правильного захвата свариваемых частей. Зажатие мелких профилей производится обычно при помощи эксцентриков, в то время, как более крупные сечения обычно зажимаются при помощи винтов, снабженных иногда передачей от маховичка при помощи зубчатых колес или червячной передачи.

Зажимы устраиваются таким образом, чтобы смена их могла бы быть легко осуществлена; форма их должна быть приспособлена к профилю свариваемого материала. Они изготовляются предпочтительно из электролитической меди, обладающей хорошей электропроводностью; для предохранения их от чрезмерного нагрева они охлаждаются водой. После продолжительного употребления рабочая поверхность их раз'едается: поверхность сварки получается шероховатой. В целях устранения слишком частой замены электродов в последнее время вошли в употребление электроды с навинчивающейся частью, в виде колпачка, толщиной 1,5—2 мм. из того же материала. Эти колпачки выдерживают 150 до 160 сварок и затем заменяются новыми.

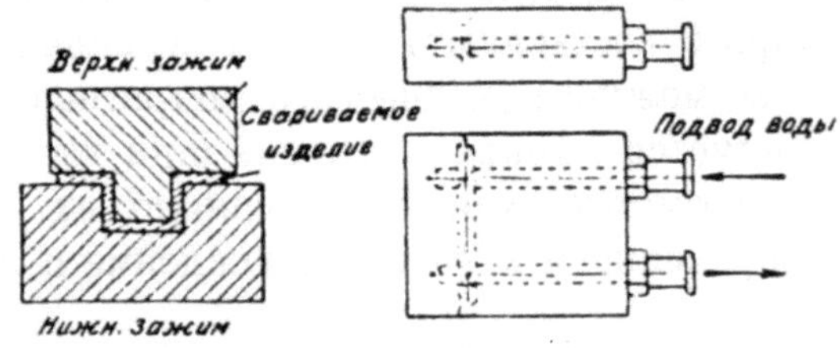

Фиг. 111. Специальная форма зажимов и их охлаждение.

На фиг. 111 представлены зажимы для сварки специального профиля; форма этих зажимов обеспечивает хороший контакт и правильный захват материала. С правой стороны представлена схема охлаждения зажимов. На фиг. 112 представлены различные схемы устойства зажимов для захвата полосового и трубчатого материала при сварке различных изделий.

Во избежание сильного нагрева сварочного аппарата, а также раз'едания самих зажимов, последние должны быть снабжены искусственным охлаждением, которое в большинстве случаев производится циркулирующей водой. Расход воды для охлаждения зажимов зависит от мощности машины. Средние данные для определения его представлены в нижеследующей таблице:

Мощность сварочной машины киловатты	Расход воды для охлаждения зажимов литры в час
3	60
7,5	100
15	180
25	200
40	250
60	350
80	450

При сварке точками электроды также должны иметь искусственное охлаждение. Это охлаждение обычно производится циркулирующей водой так же, как и охлаждение

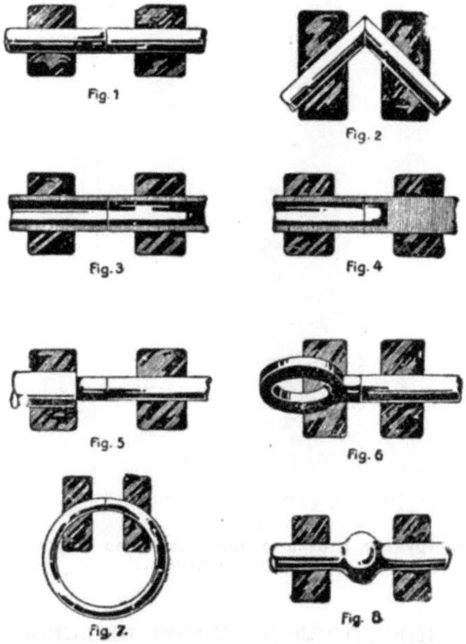

Фиг. 112. Специальная форма зажимов при сварке в стык различных изделий.

зажимов при сварке в стык. Хорошее охлаждение электродов чрезвычайно важно для сохранения их и безусловно необходимо при непрерывной работе, так как в противном случае, в особенности, когда свариваемый металл покрыт ржавчиной и оксислами, поверхность их далается неровной, после чего место сварки становится нечистым. Кроме того значительный расход меди на электроды может сильно повлиять на повышение стоимости сварки.

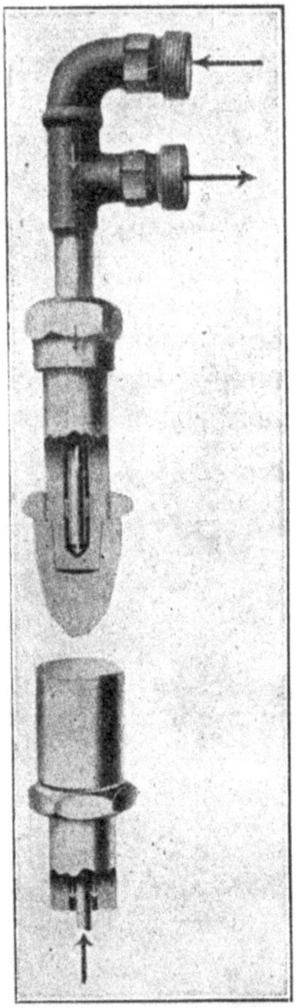

Фиг. 113. Конструкция и охлаждение электродов сварочной машины для сварки точками.

На фиг. 113 представлен способ охлаждения электродов при сварке точками. Из этой фигуры кроме того видно, что головная часть верхнего электрода устроена с'емной ввиде колпачка и насажена на коническую часть, охлаждаемую водой. Благодаря такому устойству расход меди значительно понижается, и продолжительность службы электродов повышается.

Кроме электродов веобходимо также охлаждать рукава, несущие электроды, которые также могут сильно нагреваться при непрерывной работе сварочной машины с полной нагрузкой. Для охлаждения электродов и рукавов с одной стороны и трансформатора с другой обычно применяется одна и та же струя воды, которая последовательно проходит через

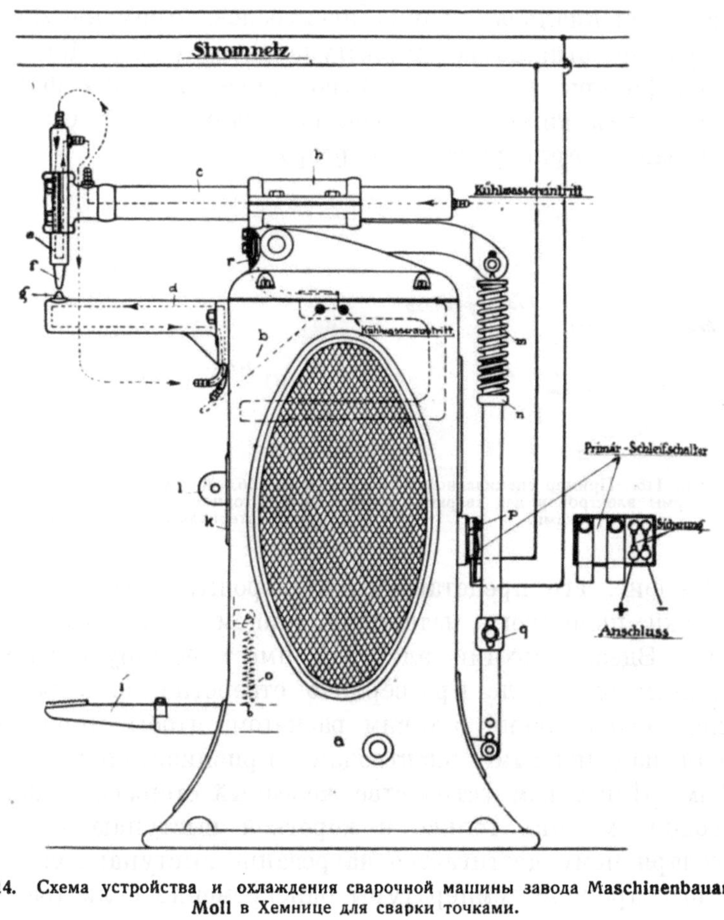

Фиг. 114. Схема устройства и охлаждения сварочной машины завода Maschinenbauanstalt Moll в Хемнице для сварки точками.

все части, подлежащие охлаждению. Это иллюстрировано на фигуре 114, представляющей схему устройства и охлаждения сварочной машины для сварки точками завода Моль в Хемнице. Вода входит через верхний рукав *c* затем переходит из него в верхний электрод *e* и нижний рукав *d*, после чего она переходит в трансформатор, а оттуда уже в выходную трубу. Наконечники электродов *f* и *g* легко могут быть сменены. Расход воды на охлаждение электродов при сварочной машине для сварки в стык колеблется в пределах от 10—60 литров в час в зависимости от величины машины и от ее нагрузки.

Форма электродов для сварки точками должно быть приспособлена к роду выполняемой работы. На фиг. 115 представлена специальная форма электродов, применяемая для приварки полотнища кос к выступающему ребру. Как видно из этой фигуры, верхний электрод имеет обычную форму, в то время как нижний снабжен специальным прорезом для вкладывания привариваемого ребра.

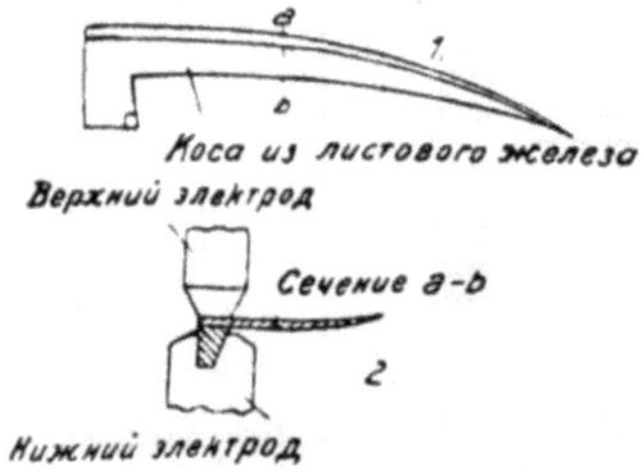

Фиг. 115. Пример специальной формы электродов для сварки точками.

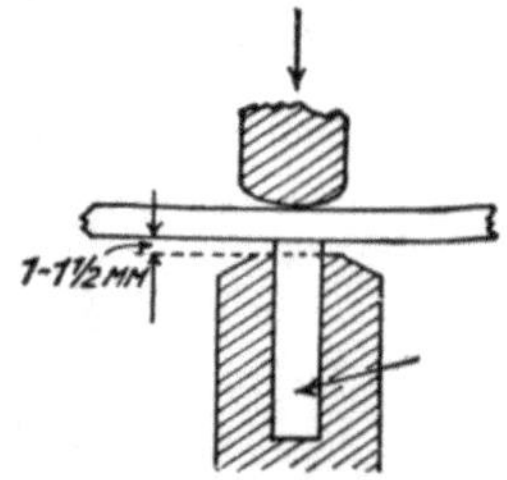

Фиг. 116. Форма электродов для приварки торцом стерженьков из полосового материала к листовому материалу.

На фиг. 116 представлены электроды, применяемые для приварки полосового материала торцом к листовому материалу. Здесь верхний электрод имеет обычную форму, а в нижнем электроде просверлено отверстие по форме привариваемого стержня с таким расчетом, чтобы стержень выступал над медными электродами приблизительно на 1 до 1,5 мм. При таком устройстве железный стерженек является проводником тока только в короткой выступающей части, благодаря чему достигается нагревание выступающего конца его до сварочной температуры одновременно с листовым материалом, несмотря на значительную разницу в толщине.

На фиг. 117 представлены различные формы электродов для сварки точками при выполнении различных работ.

При применении роликовых электродов последние также охлаждаются водой во избежание сильного нагрева и быстрой порчи их. Различные способы применения роликовых электродов представлены на фиг. 118. Концы медных электродов для сварки точками обычно делаются коническими, причем в конце они имеют, при сварке тонких листов начиная от 0,5 мм., около 3 мм. в диаметре и около 10 мм. при сварке материалов толщиною 15 мм.

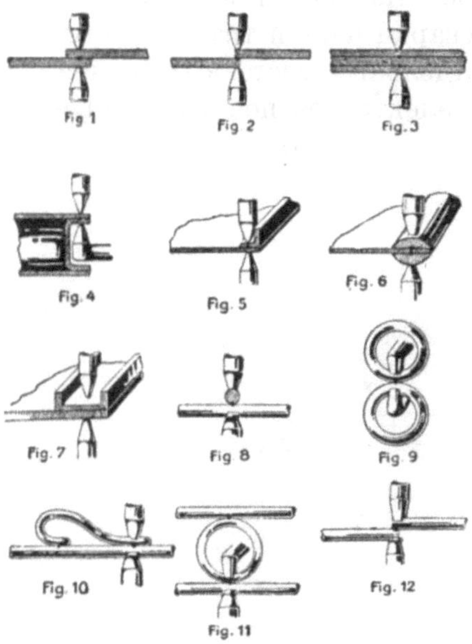

Фиг. 117. Различные формы электродов для сварки точками при изготовлении различных изделий.

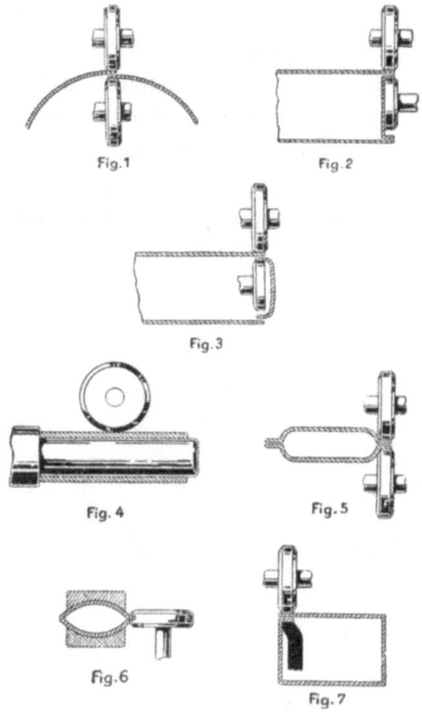

Фиг. 118. Применение роликовых изделий для исполнения различных работ; a) заварка продольных швов трубчатых изделий — Fig. 1, 4, 7; b) заварка днищ кольцевым швом — Fig. 2, 3; c) сварка наружних швов трубчатых изделий в накладку — Fig. 5; d) сварка пустотелых изделий в стык — Fig. 6.

Некоторые английские фирмы устраивают электроды комбинированными для сварки толстых листов. При этом верхний электрод имеет обычную форму, нижний же электрод делается цилиндрическим со вставленным стальным поршнем. В таком случае медный цилиндрический электрод служит лишь для подвода сварочного тока, давление же прилагается при помощи стального поршня, так что медный электрод не разрушается.

Подвижность электродов.

Для возможности исполнения самых разнообразных работ, встречающихся в технике, электроды и несущие их рукава должны обладать достаточной подвижностью. Верхний рукав устраивается обычно таким образом, чтобы он мог быть как перемещен в продольном направлении, так и повернут вокруг своей оси. Нижний рукав может быть укреплен на различной высоте и в различном положении на медной лицевой плите при помощи болтов. На фиг. 119 изображен способ установки электродов для сварки частей транспортных червяков, допускающих сварку отдельных составных частей благодаря возможности установки электродов под различным углом.

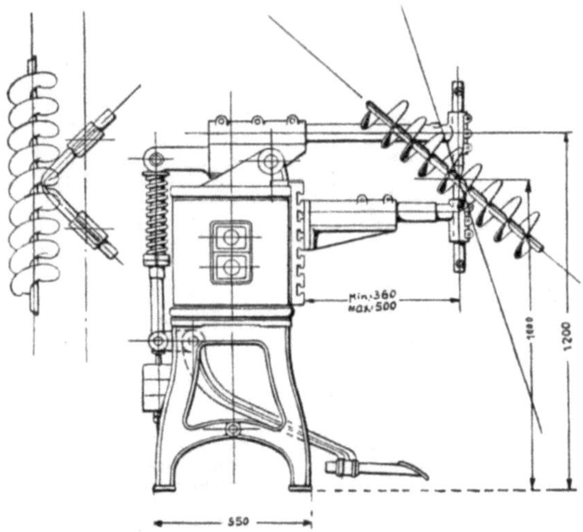

Фиг. 119. Подвижность электродов при сварке точками.

На фигуре 120 представлена сварочная машина завода Гефей для сварки швом, работающая по методу прерывистого движения. Электрод обладает большой подвижностью и может быть установлен в различных положениях в зависимости от рода выполняемой работы. Она получила особое распространение для приварки носков к чайникам, кофейникам и проч. Верхний электрод имеет форму сегмента, который проводится по линии сварки; свариваемое же изделие покоится неподвижно на нижнем электроде специальной формы.

Фиг. 120. Сварочная машина с весьма подвижным верхним электродом для сварки непрерывным швом с прерывистым движением. Конструкция завода Gesellsch. f. elektrotechn. Industrie в Берлине.

Глава VII.

Обзор различных типов машин для сварки методом сопротивления.

Данные для выбора машин.

Машины для сварки в стык.

Для производства сварки по методу сопротивления, применяются многочисленные по своей разновидности машины. Многие из них имеют совершенно специальный характер и служат для автоматической и полуавтоматической сварки определенных частей различных изделий.

Фиг. 121. Небольшая сварочная машина для сварки в стык В. К. Э.

Машины для сварки в стык применяются по преимуществу для сварки трубчатых изделий и полосового материала, начиная от тонкой проволоки и кончая профилями, имеющими в поперечном сечении 5000—6000 кв. мм.

На фигуре 121 представлена небольшая сварочная машина завода Всеобщей Комп. Электр., применяемая в проволочно-волочильных мастерских и на кабельных заводах для сварки проволоки из алюминия, меди, латуни и железа.

Эти машины строятся весьма легкими и транспортабельными для того, чтобы их можно было применять около волочильных устройств в зависимости от потребности производства. Они имеют мощность от 1,5—2 киловатт и рабтают полуавтоматически. Обжатие места сварки производится особыми пружинами, причем после достижения известного обжатия ток выключается автоматически.

Завод электросварочных машин Веннингер в Мюнхене строит подобные же сварочные машины переносного типа для проволоки. Они снабжены также весьма чувствительным автоматическим выключателем, допускающим регулирование в значительных пределах, чем предупреждается возможность пережога легкоплавких металлов. Данные об этих машинах помещены в нижеследующей таблице:

Мощность киловатт	Макс. свариваемое сечение кв. мм.		Продолжительность сварки сек.	Вес кг. нетто
	железа	меди		
5	30	20	2	40
7	80	50	4	50

Фиг. 122. Машина для сварки в стык средней мощности для мелкой промышленности.

Эти машины также применяются при наматывании медной и алюминиевой проволоки на катушки для сварки концов отдельных мотков.

На фиг. 122 представлена сварочная машины средней мощности для сварки в стык, применяемая главным образом в мелкой металлической промышленности. Она имеет мощность 7,5 киловатт и допускает сварку отдельных сечений до 200 кв. мм. Несколько примеров сварочных работ, исполняемых на подобных машинах, представлено на фиг. 123. Представленное на этой фигуре стремя изготовлено из двух частей, при чем нижняя часть его снабжена двумя выступающими

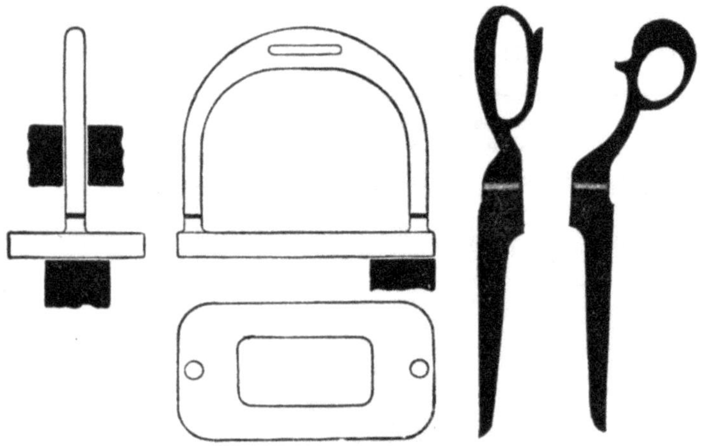

Фиг. 123. Несколько примеров работы, исполняемой на машине фиг. 122. Справа: приварка в стык ручек ножниц из ковкого литья к стальному лезвию; Слева: приварка дуги стремени к плоской нижней части под прямым углом (торцом).

шипами, имеющими такое же сечение, как и концы дуги, присоедниияемые при помощи электрической сварки методом сопротивления. Части ножниц, представленные на той же фигуре, составлены из двух частей, причем ручки обычно отливаются из ковкого чугуна, а лезвие делается из стали.

Сварочная машина для сварки в стык более тяжелого типа изображена на фиг. 124 и 125. Она предназначена для сварки сечений до 1800 кв. мм. в незамкнутых изделиях.

На фиг. 126 представлена машина для сварки в стык самого тяжелого типа, предназначенная для сварки стержней железнодорожных буфферов.

Фиг. 124. Машина для сварки в стык сечений до 1800 кв. мм. мощностью 50 kW, применяемая на паровозостроительных, машиностроительных, автомобильных и проч. заводах. Конструкция завода Maschinenbauanstalt Moll A.-G., Chemnitz. Вид спереди.

Фиг. 125. Та-же машина, что и на фиг. 124. Вид задней стороны.

Средняя мощность машин для сварки в стык железа и меди представлена в нижеследующей таблице:

Мощность киловатт	Сечение железа кв. мм.	Сечение меди кв. мм.
1,5	30	15
2	50	20
3	80	30
7,5	200	75
15	400	150
25	600	200
40	1000	350
60	1500	500
80	2000	700
120	3000	1000
200	5000	1600

Эти данные представляют лишь средние значения мощности, потребной для различных сечений. При массовой работе следует выбирать мощность с запасом во избежание перегрузки машины. Из таблицы видно, что для сварки меди требуется значительно больше энергии, несмотря на более низкую температуру сварки меди; об'ясняется это меньшим

Фиг. 126. Машина для сварки в стык самого тяжелого типа для сечений до 5000 кв мм. (железа) мощностью 200 kW.

удельным сопротивлением меди, а кроме того и тем обстоятельством, что расстояние между зажимами приходится держать при сварке меди значительно большим, чем при сварке железа, почему при сварке меди свариваемые концы нагреваются на значительно большую длину.

Завод Elektrische Schweißmasch.-Ges. строит машины для сварки в стык следующих трех типов:

1. Машины для работы в ручную, т. е. с ручным зажимом свариваемых частей, как и ручным включением тока и ручным сдавливанием;

2. машины с ручным зажимом и автоматическим включением тока и автоматической подачей давления;

3. машины с механическим зажимом от привода, с автоматической подачей давления и с автомаитческим удалением заусенцов.

Машины первого типа строятся для мощностей от 15—100 киловатт и предназначены главным образом для сварки более тяжелых машинных деталей, как, например, шин, поковок и проч.; они применяются в паровозостроительных, машиностроительных и автомобильных заводах, а также в производстве сельско-хозяйственных машин. После зажатия свариваемых частей в медные зажимы, концы их прижимаются друг к другу при помощи рукояток, видных справа (см. фиг. 127). Одновременно с этим включается ток при помощи ножной педали и выключается после окончания сварки. Эти же машины по желанию снабжаются также автоматическим выключателем, выключающим ток автоматически после достижения определенного обжатия места сварки. Данные о различных типах этих машин представлены в нижеследующей таблице:

Тип	Максимальный расход энергии киловатт	Максимальное свариваемое сечение при открытой длине кв. мм.	Вес кг.
a	15	500	450
b	20	650	600
c	30	1000	900
d	50	2000	1500
e	100	5000	3000

При типах мощностью более 30 киловатт подача давления производится гидравлически. Сварочный трансформатор имеет 6 ступеней, так что сила тока может варьировать в значительных пределах.

Второй тип (см. фиг. 128) машин в особенности приспособлен для сварки замкнутых изделий, как, например, колец, цепных звеньев, крючков и проч. Машины эти устроены таким образом, что все необходимые для процесса сварки движения, как зажатие изделий в зажимах, приближение их друг к

Фиг. 127. Тип машин первой категории завода **Elektrische Schweißmaschinen Gesellschaft** для работы в ручную.

другу, включение и выключение тока, подача давления и освобождение частей от зажимов, происходят автоматически, причем рабочий вращает только ручной рычаг, присоединенный к валу. Конструкция этих машин чрезвычайно проста и производительность их весьма значительна. Данные об этих машинах приведены в нижеследующей таблице:

Тип	Максимальный расход энергии киловатт	Максимальное свариваемое сечение кв. мм	Вес кг.
1	2	25	60
2	3	50	75
3	4	75	100

В машинах третьей группы все движения, необходимые для процесса сварки, производятся подобным же образом с той разницей, что все движения происходят от механи-

Фиг. 128. Тип машин мощностью от 2 до 4 kW для сварки сечений от 25 до 75 кв. мм. для сварки колец, крючков и проч. завода Elektrische Schweißmaschinen Gesellschaft в Берлине.

ческого привода. Рабочим приходится только включать рубильник, после чего сварка происходит автоматически. После окончания сварки ток выключается тем же рубильником, после чего приводится в действие пресс для обжатия заусенцов. Регулирование силы сварочного тока достигается при помощи шестиступенчатого регулятора. Некоторые данные об этих машинах помещены в нижеследующей таблице:

Тип	Максимальный расход энергии киловатт	Максимальное свариваемое сечение при открытой длине кв мм.	Вес кг.
w	4	150	300
x	8	225	400
y	12	300	700
z	15	450	800

Фирма Wenninger Elektroschweißmaschinen-Werk строит кроме вышеупомянутого типа машин для сварки проволоки, также и полу-автоматические машины для сварки в стык различных сечений мощностью от 6—10 киловатт для массового производства колец, пряжек, цепных звеньев, ободьев и проволочных изделий всякого рода. Эти машины строятся с приводом от трансмиссии с включением при помощи ножной педали. После окончания сварки вторичным нажатием педали, машина выключается. Обжатие производится посредством рычагов, и величина давления может быть регулирована помощью грузов. Эти машины также могут быть снабжены механическим приспособлением для удаления заусенцов.

Кроме того этой же фирмой строятся машины для сварки в стык с ручным приводом от 10 до 150 киловатт для сварки различных замкнутых и открытых изделий из полосового материала и труб.

Трансформатор помещен, как и в других подобных машинах, в самой машине и защищен кожухом. Приспособление для зажимов свариваемых изделий имеет вид тисков; оно может быть легко снято и заменено другими специальными приспособлениями. Одна сторона зажимного приспособления может быть переставлена при помощи винта, в то время как другая половина передвигается в направляющих при помощи коленчатого рычага и служит для продолжения давления.

Для возможности регулирования силы тока имеется многоступенчатый коммутатор, допускающий включение большей или меньшей части первичной обмотки трансформатора. Ток включается и выключается при помощи ножной педали. Главнейшие данные о машинах этого типа помещены в нижеследующей таблице:

Тип	Максимальное потребление тока киловатт	Максимальное свариваемое сечение кв. мм	Продолжительность сварки сек.	Колич. ступеней трансф.	Вес нетто кг.
St 10	10	200	6	10	300
St 15	15	300	7	10	400
St 20	20	500	12	12	570
St 30	30	750	20	12	670
St 40	40	1000	30	12	900
St 50	50	1500	50	14	970
St 75	75	2000	75	14	1200
St 100	100	3000	120	14	1400
St 150	150	5000	150	14	

Завод Deutsche Schweißmasch.-Fabrik Becker & Co., A.-G. строит машины для сварки в стык четырех различных типов. Данные о мощности этих машин помещены в нижеследующей таблице:

Тип	Максимальное потребление тока киловатт	Максимальное свариваемое сечение кв. мм.	Вес нетто кг.	Занимаемая площадь мм.
StNha	4	100	80	400 × 500
	6	150	90	400 × 500
StN	8	200	135	570 × 660
	12	350	250	520 × 750
	16	500	270	520 × 750
StN	25	700	550	700 × 880
	35	1000	650	700 × 880
	50	1600	800	835 × 1080
StN	60	2000	900	835 × 1080
	75	2600	1050	835 × 1080
	100	3500	1350	900 × 1100

Тип StNha устраивается с полуавтоматическим приспособлением для обжатия и выключения тока. Тип StN снабжается по желанию специальным приспособлениями для сварки в стык велосипедных и автомобильных шин различных профилей. Все машины имеют исключительно ручной привод. Этим же заводом строятся специальные машины для сварки цепей с автоматическим прерывателем тока.

Фирмой Moll-Werke, A.-G., Chemnitz, изготовляются машины для сварки в стык мощностью от 2 до 200 киловатт. Данные об этих машинах помещены в нижеследующей таблице:

Тип	Максимальное потребление тока киловатт	Максимальное свариваемое сечение кв. мм.	Вес нетто кг.	Занимаемая площадь мм.
St. M	2	20	75	400 × 600
	4	75	85	400 × 600
	8	200	210	560 × 650
	10	250	230	560 × 650
	12	315	275	560 × 650
St. M. 16	16	500	400	710 × 875
	18	600	425	710 × 875
	20	700	450	710 × 875
	25	900	600	710 × 875
	30	1200	750	710 × 875
St. M. 75	50	1800	1300	800 × 1125
	75	2400	1400	800 × 1125
	90	2800	1500	800 × 1125
	100	3500	2400	1000 × 1250
	150	4000	3000	1500 × 1350
	200	5000	3500	1500 × 1350

Тип St. M. снабжается специальными приспособлениями для зажимов в зависимости от рода выполняемой работы. Они приспособлены для массового производства мелких изделий, имеют зажимные приспособления с рычажной передачей. Обжатие производится при помощи ручного рычага.

Тип St. M. 16 представлен на фигуре 129, из рассмотрения которой видно что верхние губы зажимного приспособления перемещются при помощи ручных маховичков с конической зубчатой и винтовой передачей. Правые тиски перемещаются для осуществления обжатия вращением рукояток, помещенных справа; перемещение это происходит в особых направляющих, гарантирующих точность направления.

Левые неподвижные тиски присоединены жестко к одному полюсу вторичной обмотки трансформатора, а правые — к другому полюсу той же обмотки при помощи гибкой соединительной шины.

Включение и выключение первичного тока производится, как обычно, при помощи ножной педали. Пятиступенчатый штепсельный коммутатор виден спереди; он служит для регулирования силы тока в зависимости от площади сечения свариваемых изделий. Первая ступень соответствует наибольшей силе тока при наименьшем напряжении, а пятая ступень — наименьшей силе тока при наибольшем напряжении.

Фиг. 129. Сварочная машина для сварки в стык; тип St. M. 16.

Конструктивное исполнение типа St. M. 75 видно из фигур 124 и 125. Ввиду необходимости большей силы обжатия этот тип машин снабжен зубчатой передачей, включенной между ручным маховиком и шпинделем, служащим для перемещения подвижных тисок, при помощи которых осуществляется обжатие.

При нажатии ножной педали включается первичный ток и остается включенным до тех пор, пока новым нажатием дути, видной на фигуре, он не будет выключен.

Приспособление для зажима в общем устроено так же, как и у типа St. M. 16, с той разницей, что вся конструкция является более массивной.

На фиг. 125 виден выключатель первичного тока, приводимый в действие при помощи рычажной передачи от ножной педали. Выключатель этот имеет плоские контакты, допу-

Фиг. 130. Сварочная машина для сварки цепей завода Maschinenbau-Anstalt Moll, Akt.-Gesellschaft в работе.

скающие моментальное выключение тока по достижении необходимой сварочной температуры. Применение обыкновенных рубильников со скользящими контактами оказалось непрактичным вследствие быстрой порчи их.

Эта же фирма строит специальные сварочные машины для сварки цепных звеньев. На фиг. 130 представлена такая машина в работе. Машины эти могут быть снабжены приспособлением для обжатия заусенцов. Машины эти строятся трех мощностей, как это видно из нижеприведенной таблицы:

Максимальное потребление тока киловатт	Максимальный диаметр материала в мм.	Потребная площадь мм.	Вес кг.
8	6	560 : 800	210
10	8	560 : 800	220
12	10	560 : 800	235

Вес машин, снабженных приспособлением для удаления заусенцов, больше веса, означенного в таблице, на 25—35 кг.

Включение тока и обжатие производится при помощи одной и той же ножной педали, так что руки сварщика остаются свободными для подвода цепи и обсуживания приспособления для удаления заусенцов.

Фиг. 131. Полуавтомат для сварки в стык сечений от 10 до 120 кв. мм. конструкции завода Elektr. Schweißmasch.-Fabrik Rud. Bocks, Pasing-München.

При нажатии ножной педали цепное звено приподнимается поддерживающим звено приспособлением, и в этот же момент концы электродов, расположенных под углом, прикасаются к свариваемым концам звена, так что цепное звено оказывается зажатым между поддержкой и электродами. В этот момент при помощи той же ножной педали включается сварочный ток, и концы, подлежащие сварке, быстро нагреваются. По достижении температуры сварки ток выключается, и дальнейшим нажатием педали осуществляется обжатие места сварки. Работа производится таким образом, что сначала свариваются все нечетные звенья, а затем уже по порядку четные звенья. В зависимости от опытности сварщика на этих машинах может быть сварено от 15 до 20 звеньев в минуту. Все части машины, подверженные нагреванию, охлаждаются водою.

Фиг. 132. Машина для сварки в стык сечений от 500—800 кв. мм. фирмы Elektr. Schweißmaschinen-Fabrik Rud. Bock.

Фирма Elektr. Schweißmasch.-Fabrik Rudolf Bock строит машины для сварки в стык полуавтоматического типа мощностью от 2 до 12 киловатт (см. фиг. 131). Машины эти устроены таким образом, что все функции производятся от приводного вала, так что рабочему приходится только вкладывать свариваемое изделие. Машина может быть остановлена нажатием ножной педалью. Сила тока может быть регулирована в значительных пределах. Этот же тип машин снабжается и приспособлением для удаления заусенцов. Машины эти приспособлены для массовой работы; они допускают сварку сечений от 10 до 120 кв. мм. (при меди от 10 до 50 кв. мм.). Продолжительность сварки от 2 до 6 секунд. Число оборотов вала в минуту равно 50.

Для сварки более крупных сечений от 500 до 800 кв. мм. этой же фирмой изготовляются сварочные машины мощностью от 20 до 35 киловатт с ручной подачей и ручным зажимом. Включение и выключение тока производится при помощи ножной педали. Вес этих машин колеблется от 850 до 950 кг. (см. фиг. 132).

Продолжительность сварки равна 30—40 секнуд при сварке нормальным способом в стык. При сварке по методу оплавления на этих же машинах могут быть сварены сечения от 200—300 кв. мм.; продолжительность сварки при этом равна 15—20 секундам.

Этой же фирмой строятся полуавтоматы для сварки цепей (фиг. 133). Все движения происходят от приводного вала с фрикционной сцепной муфтой, включаемой при помощи ручного рычага. Машина снабжена также ручным маховиком и ручным приспособлением для зажима, служащего для сварки колец, крючков и других частей, отличающихся по своим размерам от нормального звена. Обжатие производится при помощи особых губок. Подвод сварочного тока производится независимо от обжатия при помощи электродов, охлаждаемых водой.

Для обжатия утолщения машина снабжена двойным пружинным молотом, а для удаления заусенцов имеется особое приспособление. Данные об этих машинах помещены в нижеследующей таблице:

Тип	Диаметр проволоки мм.	Количество сварок в 1 минуту	Максимальное потребление тока килов.	Расход энергии на 1000 сварок. килов./час	Для привода потребно лош. с.	Вес нетто кг.
II	2—6	20—12	3	4	1	900
III	5—8	15—10	6	7	1,5	1100
IV	7—12	10—6	10	16	2	1700

Эти машины могут быть снабжены специальными приспособлениями для автоматического передвижения цепи, и тогда они работают вполне автоматически.

Завод Gesellschaft für elektrotechnische Industrie G. m. b. H. строит полуавтоматические машины мощностью 4—6 киловатт для сварки в стык различных мелких изделий (фиг. 134). Эти машины отличаются тем, что при нажатии ножной педали зажимы открываются, а при освобождении ее опять закрываются. Рабочему приходится только вкладывать свариваемые изделия после нажатия педали и затем отпустить педаль. Все остальные операции, как вклю-

Фиг. 133. Полуавтомат для сварки цепей фирмы Elektr. Schweißmasch.-Fabrik Rud. Bocks München с приспособлениями для обжатия утолщения и удаления заусенцев.

чение тока, сварка, обжатие и выключение тока — осуществляется после освобождения ножной педали совершенно автоматически. Величина обжатия, как и прилагаемое давление, а также момент выключения тока устанавливается раз на всегда для определенного материала и регулируется при помощи пружин. Трансформатор снабжен пятиступенчатым регулятором, так что сила тока может быть приспособлена к поперечному сечению свариваемого материала. При мощности в 4 киловатта могут быть сварены сечения до 60 кв. мм., а при мощности 6 киловатт — до 100 кв. мм. (для железа). На этих же машинах может быть сварена медная про-

Фиг. 134. Машина для сварки в стык мелких изделий завода Gesellsch. f. elektrotechn. Industrie G. m. b. H. с регулировкой обжатия при помощи пружин.

волока диаметром от 4 до 6 мм., а также замкнутые изделия из железной проволоки от 7 до 9 мм. диаметром.

Для производства 100 сварок при диаметре проволоки в 4, 6, 8 и 10 мм. расходуется в среднем соответственно 0,029,

0,085, 0,28 и 0,59 киловатт/час. при открытых (незамкнутых) изделиях.

Фиг. 135. Машина для сверки в стык мощносью 8—12 киловат — завода **Gesellschaft für elektrotechn. Industrie G. m. b. H.** с регулировкой обжатия при помощи груза.

При большей мощности эти машины устраиваются для механического привода.

Этой же фирмой строятся машины для сварки в стык мощностью от 8 до 50 киловатт для ручного привода. Передвижение губок зажимного приспособления производится при помощи маховичков и червячной передачи на шпиндель (см. фиг. 135). Обжатие осуществляется при помощи груза, действующего на плечо рычага, причем величина обжатия может быть регулировано простый перестановкой груза.

Время действия сварочного тока определяется при помощи автоматического выключателя независимо от воли рабочего. Продолжительность действия тока может быть установлена в зависимости от величины обжатия и площади сечения свариваемого материала. Работа производится таким образом, что после зажатия свариваемых частей включается первичный ток нажатием ручки автоматического выключателя. По достижении температуры сварки и размягчения материала, обжатие осуществляется автоматически под действием груза, действующего на подвижные тиски зажимного приспособления. По достижении определенной величины обжатия сварочный ток выключается автоматически под действием подвижных тисков. Такое автоматическое выключение тока имеет большие преимущества в тех случаях, когда приходится сваривать значительные количества одинаковых изделий. В тех же случаях, когда приходится сваривать разнообразные изделия в сравнительно небольших количествах, машины снабжаются приспособлением для включения и выключения тока при помощи ножной педали. Все сварочные машины этой фирмы снабжены пятиступенчатым регулятором силы тока. В зависимости от мощности на этих машинах могут быть сварены различные сечения от 60 до 2000 кв. мм., а именно

при 4	6	8	12	15	20	25	30	50	киловатт.
60	100	150	250	360	500	700	1000	2000	кв. мм.

На фиг. 136 представлена сварочная машина для сварки в стык конструкции завода Richard Mack, Elektro-Schweißmaschinen-Fabrik. Эта машина отличается от вышеописанных типов тем, что зажатие производится при помощи электромагнитов, присоединенных к линии высокого напряжения, а обжатие осуществляется использованием магнитного действия трансформатора. Хомут трансформатора состоит из двух частей: на неподвижной части надета первичная обмотка трансформатора, а подвижная часть, являющаяся как бы якорем, присоединена к системе рычагов, действующих на подвижную часть зажимного приспособления.

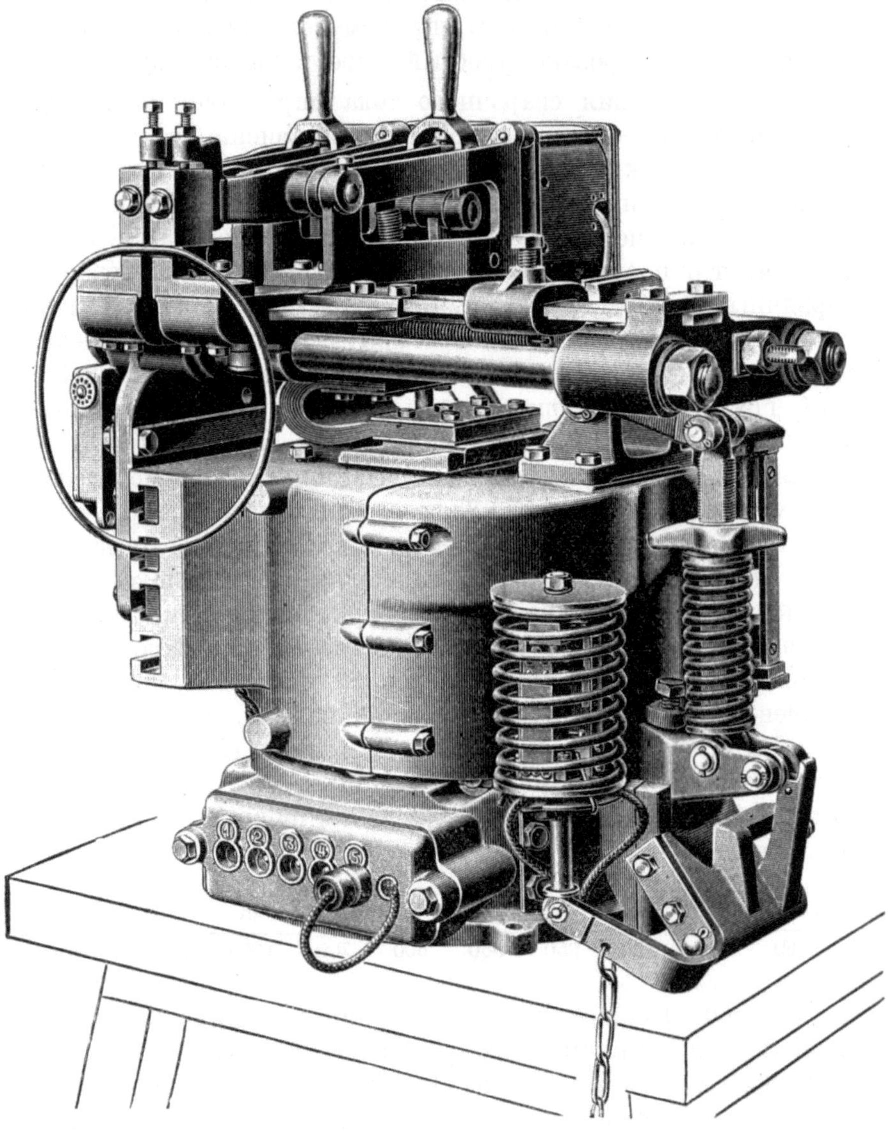

Фиг. 136. Полуавтоматическая машина для сварки в стык небольших сечений завода **Richard Mack** с магнитным зажатием и обжатием.

Такое устойство имеет большие преимущества в том отношении, что сварочная машина делается независимой от трансмиссии или другого механического привода. При работе на этой машине рабочему приходится только вкладывать свариваемые изделия и включить ток нажатием ножной педали. После этого все дальнейшие операции производятся совершенно автоматически. Действие груза, применяемого для осуществления обжатия фирмой Gesellschaft für elektrotechnische Industrie — здесь заменено магнитным действием сварочного трансформатора.

Машины завода Richard Mack отличаются от вышеописанных типов еще тем, что действие сварочного тока регулируется при помощи особого максимального выключателя и автоматического контроллера.

Эти же машины снабжаются приспособлением для обжатия заусенцов. Это приспособление представляет собой ничто иное, как двойной магнитный молот, который включается автоматически после обжатия места сварки и работает автоматически, пока ножная педаль не будет опущена. Независимость этих машин от каких либо механических приводов является преимуществом, так как машины могут быть установлены в любом месте; однако, эти преимущества получаются за счет большей сложности их.

Глава VIII.

Обзор различных типов сварочных машин. Данные для выбора машин.

Машины для сварки точками и швом.

Необходимые предпосылки для получения хороших результатов.

В отличие от сварки в стык, при которой температура нагрева может быть легко контролирована глазом, при сварке точками или швом легко может случиться, что металл в месте сварки будет перегрет или недогрет, вследствие трудности наблюдения за температурой. При сварке в стык окислы металла легко могут быть удалены большим или меньшим обжатием, при сварке же точками и швом такого обжатия применять нельзя. Чистота поверхности металла от окислов играет поэтому при сварке точками и швом значительно большую роль, чем при сварке в стык. В зависимости от того, будет ли металл чистым, или же покрыт большим или меньшим слоем окислов, сопротивление его прохождению электрического тока будет различно, а так как практически поверхность металла в различных местах покрыта окислами и ржавчиной в различной степени, то, следовательно, и нет никакой гарантии в том, что отдельные сварки (точки) будут равнокачественны, как в смысле площади, занимаемой сваркой, так и в отношении степени нагрева металла и обжатия его.

Для получения хороших результатов при сварке точками и швом поэтому необходима значительная опытность сварщика и навык при работе с определенной машиной.

Автоматические регуляторы.

Чтобы сделать качество сварки менее зависимым от личности рабочего, а также для достижения вполне определенных результатов сварки, различными конструкторами сварочных машин разработаны в настоящее время разнообразные приспособления для автоматического регулирования процесса сварки.

Все эти приспособления могут быть разбиты на две категории:

1. автоматические регуляторы, выключающие ток по прошествию определенного промежутка времени, и

2. автоматические регуляторы, выключающие сварочный ток после того, как он достигнет определенного максимального значения.

Автоматические регуляторы первого типа представляют собою механическое приспособление для прекращения тока, основанное на продолжительности действия тока независимо от состояния поверхности металла. При соблюдении одинаковых условий в смысле толщины материала и состояния поверхности металла они в значительной степени облегчают работу и делают ее независимой от опытности рабочего. Условием достижения хороших результатов является все же довольно чистое состояние поверхности металла.

При сварке швом эта задача разрешается различными конструкторами различным образом. Так, например, завод Гефей применяет способ периодических остановок движущихся электродов, причем эти остановки могут быть произведены более или менее часто; продолжительность действия сварочного тока также может быть регулирована. Расстояние между отдельными точками сварки, а также и продолжительность действия сварочного тока, зависит исключительно от действия механических приспособлений.

Завод Elektrische Schweißmaschinen-G. m. b. H. применяет способ безостановочного движения электродов в то время, как сварочный ток периодически прерывается в определенных интервалах времени, причем продолжительность действия сварочного тока также может быть регулирована.

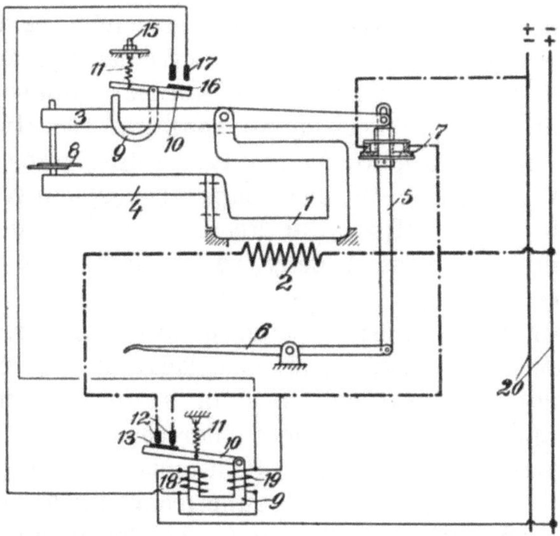

Фиг. 137. Схема действия автоматического регулятора силы тока Rich. Mack'a.

Автоматические регуляторы второго типа прерывают ток не в зависимости от продолжительности действия его, а только в зависимости от силы тока, проходящего в сварочной цепи; они представляют собою, в сущности, максимальный выключатель тока, соединенный с реле, действующим в зависимости от силы магнитного потока, возбуждаемого током сварочной цепи.

Действие такого автоматического регулятора силы тока, применяемого фирмой Richard Mack, представлено на фиг. 137. На схеме представлено действие этого регулятора в применении к машине для сварки точками. Ток высокого напряжения берется из магистрали 20. Ток включается при нажатии педали 6 при помощи замыкателя 7, после того, как свариваемое изделие 8 зажато между электродами благодаря опусканию рукава 3, под действием тяги 5.

При замкнутой первичной цепи во вторичной обмотке 1 возбуждается сварочный ток, проходящий по рукаву 3, через электроды и рукав 4 ко второму полюсу вторичной обмотки.

На рукав 3, надет железый хомут 9, в котором возбуждаются магнитные силовые линии во время прохождения тока сварочной цепи. Сила тока в сварочной цепи будет увеличиваться по мере нагревания и обжатия места сварки, вследствие чего и сила магнитного потока, возбуждаемого в хомуте 9, будет рости и по достижении определенной величины заставит левое плечо якоря 10 опуститься вниз, причем одновременно правое плечо рычага 10 замкнет линию высокого напряжения 17 через посредство контакта 16. При замыкании линии высокого напряжения 17, возбуждается магнитное поле в электромагните 9 а, благодаря прохождению тока через катушки 18 и 19. При этом якорь 10 а притянется к полюсу магнита, благодаря чему размыкается ток первичной линии у контакта 12.

Этот регулятор силы сварочного тока представляет собою, следовательно, максимальный выключатель, размыкающий ток в линии высокого напряжения в тот момент, когда в сварочной линии сила тока достигнет совершенно определенной максимальной величины. Величина этой максимальной силы тока, соответствующей наивыгоднейшей температуре сварки, может быть регулирована большим или меньшим натяжением пружины 11, при помощи винта 15.

Применение этого регулятра представляет большие преимущества, так как все сварки получаются совершенно одинаковыми независимо от опытности рабочего.

Состояние поверхности металла при применении регулятора фирмы Рих. Мак не играет такой большой роли, ибо сварочный ток выключается не в зависимости от продолжительности действия тока (механического приспособления), а лишь в зависимости от сопротивления, какое представляет место сварки прохождению электрического тока.

Другими словами, сварочный ток действует до тех пор, пока не будет достигнуто совершенно определенное сопротивление в месте сварки. Это значит, что отдельные точки сварки должны получаться совершенно одинаковыми для данного материала при определенной общей толщине свариваемых листов.

В зависимости от толщины и рода материала, устанавливается раз на всегда винт 15 (фигура 137), и тогда сварки получаются совершенно одинаковые.

Машины для сварки точками и швом завода Elektrische Schweissmaschinen-Gesellschaft G. m. b. H. в Берлине.

На фиг. 138 представлена машина для сварки точками. Справа виден регулятор для регулирования силы сварочного

Фиг. 138. Машина для сварки точками завода Elektrische Schweißmasch. Ges. m. b. H., Berlin-Charlottenburg.

тока. Нижний электрод может быть установлен в различном положении в зависимости от рода исполняемой работы, а также заменен другими приспособлениями. Замена этих приспособлений производится легко, так как для этого приходится только освобождать два болта и выдвинуть их из пазов, видных на лицевой плите. Верхний держатель электродов вращается в шарнире, укрепленном на верхней части сварочной машины, и может быть опущен действием ножной педали. Действие педали передается через посредство пружины, благодаря чему давление, под которым электроды прижимаются к свариваемому изделию, может быть легко регулировано большим или меньшим натяжением пружины. Эти машины строятся двух типов, данные о которых приведены в нижеследующей таблице:

Тип	Максимальное потребление энергии киловатт	Максимальная общ. толщина материала мм.	Вылет рукавов мм.	Приблизит. вес килогр.
a	8	5	300	250
b	15	10	400	450

Фиг. 139. Машина для сварки точками легких частей завода Elektrische Schweißmasch. Ges. m. b. H.

Благодаря возможности легкой перестановки и замены держателей электродов, а также самих электродов, эти машины имеют довольно разнообразное применение в различных производствах, как, например, при изготовлении частей ламп, сосудов, замков, эмалированной посуды, проволочных изделий, электрических аппаратов и арматуры. Они работают без автоматического регулятора.

На фиг. 139 представлена машина для сварки точками легких металлических частей той же фирмы. Она применяется преимущественно при производстве электрических предохранителей, для приварки нитей ламп накаливания, частей горелок и проч. Давление электродов легко может быть регулировано при помощи маховичка, видного наверху с правой стороны. Шестиступенчатый регулятор силы тока помещен на поверхности стола с левой стороны. Трансформатор помещается под крышкой стола, и вся конструкция в общем носит весьма компактный характер.

Фиг. 140. Сварочная машиня для сварки швом с ручным вращением верхнего электрода. Констр. зав. Elektr. Schweißmasch. Ges. m. b. H.

Мощность этой машины около 2 киловатт; вылет электродов — 200 мм.; приблизительный вес — 60 кг.

На фиг. 140 представлена сварочная машина для сварки продольных швов с ручным передвижением верхнего электрода, а на фиг. 141 подобная же машина с механическим премещением верхнего электрода. Последняя машина приспособлена для сварки продольных швов цилиндрической части консервных банок. Для этой цели нижний электрод имеет форму цилиндра соответственного диаметра, на который надевается загнутый материал и вместе с ним проводится под вращающимся верхним электродом после опускания его под действием нажатия ножной педали. Верхний роликовый электрод вращается от привода через посредство вала с универсальными шарнирами и червячной передачи, помещенной в закрытом кожухе. Как верхний, так и нижний электроды охлаждаются циркулирующей водой. Машина снабжена трехступенчатым шкивом, благодаря чему скорость вращения верхнего электрода может быть регулиро-

Фиг. 141. Машина для сварки швом с механическим вращением верхнего электрода зав. Elektr. Schweißmasch. Ges. m. b. H.

вана в значительных пределах. Роликовые электроды легко могут быть заменены новыми. В остальной части своей машина совершенно подобна машине, изображенной на фиг. 138 для сварки точками.

На фиг. 142 представлена схема устойства машины для сварки продольных швов с поперечным перемещением материала, а также для сварки кольцевых швов. Как верхний, так и нижний электроды получают вращение через посредство пары конических зубчатых колес и червячной передачи. На этом же чертеже виден рычаг для включения сцепной муфты, сцепляющей приводной вал машины со ступенчатым шкивом.

Способы присоединения днищ к цилиндрической части сосудов и банок представлены на фиг. 143.

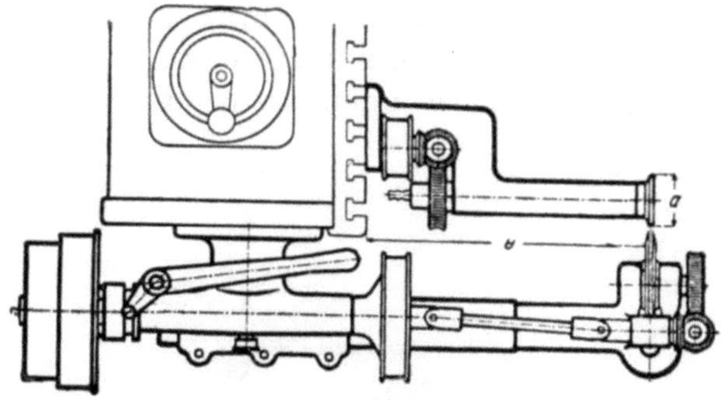

Фиг. 142. Схема устройства машины для поперечной сварки и срарки кольцевых швов зав Elektr. Schweißmasch. Ges. m. b. H.

Описанные машины для сварки швов строятся также двух типов. Главные данные об этих машинах приведены в нижеследующей таблице:

Тип	Максимальное потребление энергии киловатт	Максимальная общ толщина материала мм.	Вылет рукавов мм.	Приблизительный вес килогр.
1.	8	2	300	250
2.	15	4	400	450

Фиг. 143. Способы присоединения днищ к цилиндрической части сосудов и банок.

На машине, представленной на фиг. 141, может быть изготовлено около восьми швов в минуту при длине каждого шва около 100 мм.

Машины завода Сименс-Шукерт.

На фиг. 144 представлена сварочная машина завода Сименс-Шуккерт для сварки точками, а на фиг. 145 подобная же машина для сварки швом. Как видно из этих снимков основная часть машин у этих двух типов совершенно одинакова в существенных частях. Трансформатор помещен в верхней части станины и охлаждается водой.

Фиг. 144. Машина для сварки точками завода Сименс-Шуккерт в Нюрнберге.

Трансформаторы строятся для различных напряжений первичной сети и снабжаются пятиступенчатым коммутатором для включения большей или меньшей части первичной обмотки.

Держатели электродов устроены довольно массивно и допускают свободно легкую смену электродов; они, как и самые электроды, охлаждаются циркулирующей водой. Вылет электродов делается различным в зависимости от рода исполняемой работы. Лицевая плита снабжена несколькими пазами, благодаря чему нижний держатель электрода может быть установлен на различной высоте.

Для опускания верхнего электрода достаточно нажать ножную педаль, причем сначала происходит прикосновение верхнего электрода к свариваемому металлу, и одновременно замыкается ток, а при дальнейшем нажатии получается необходимое давление для осуществления сварки металла. Давление электродов может быть регулировано при помощи особого установочного винта. Педаль может быть выдвинута на большее или меньшее расстояние, в зависимости от размеров свариваемых изделий.

Фиг. 145. Машина для сварки швом завода Сименс-Шуккерт в Нюрнберге.

При сравнении фиг. 144 и 145 можно легко убедиться в том, что простой сменой держателей электродов машина для сварки точками может быть превращена в машину для сварки швом. Кроме того одна и та же машина может служить для сварки как кольцевых, так и продольных швов. Так, если верхний электрод машины, представленный на фиг. 145, повернуть на 90°, а нижний электрод с держателем электрода заменить другим, то на этой же машине могут быть сварены и продольные швы.

Некоторые данные об этих машинах представлены на нижеследующей таблице:

Тип	Расход энергии киловатт	Общая толщ. материала мм.	Необх. время для сварки 1. точки сек.	Расх. воды охлажд. литры/час	Вылет электр. мм.	Вес килогр.
12,5Р	3—12,5	0,4—10	2—10	120	320	295
25 Р	6—25	1,6—16	2—12	180	400	380
50 Р	12,5—50	5—24	3—15	270	480	550

Машины завода Всеобщей Компании Электричества.

На фиг. 146 и 147 представлены два типа машин для сварки швом. Первая из них имеет ручное передвижение верхнего электрода, а вторая — механическое. Опускание элек-

Фиг. 146. Машина для сварки швом с ручным вращением электрода. Констр. Всеобщ. Ко. электр.

Фиг. 147. Машина для сварки швом с механическим приводом. Констр. Всеобщ. Комп. Электр. (завод в Геннингсдорфе).

тродов в обоих случаях производится нажатием ножной педали. Главной вал машины, представленой на фиг. 147, приводится в движение от передачи при помощи ступенчатых шкивов, позволяющих увеличить или уменьшить скорость перемещения электродов. От главного вала передается движение верхнему электроду через посредство конических зубчатых колес и червячной передачи. Машины эти строятся без автоматического выключается, как и машины завода Сименс-Шуккерт. Этим же заводом строятся машины для сварки точками различных мощностей. Общий тип этих машин похож в своих освновных чертах на машины для сварки швом. Отличительной чертой этой машины является возможность выдвигания, как верхнего, так и нижнего

Фиг. 148. Машина для сварки точками с пневматическим приспособлением для надавливаная. Констр. завода Всеобщей Ко Электричества.

держателей электродов при одновременной возможности установки электродов под различными углами, что придает им большую доступность при сварке различных изделий (сравни также фиг. 120).

При большом вылете электродов рабочему приходится приложить довольно большое усилие для осуществления достаточного давления, необходимого для получения хорошей сварки. В таких случаях машина снабжается гидравлическими или пневматическими цилиндрами для обжатия места сварки. На фиг. 148 представлена сварочная машина для сварки точками, снабженная электро-пневматическим приспособлением для обжатия места сварки. Пневматический цилиндр помещается позади машины; при поднятии поршня от давления сжатого воздуха поршневой шток заставляет верхний электрод опуститься вниз, причем вентиль для впуска сжатого воздуха под поршень открывается легким нажатием ножной педали.

Поднятие электрода совершается под действием груза после освобождения ножной педали, так как одновременно с освобождением ножной педали открывается и выпускной клапан для выпуска воздуха из нижней части воздушного цилиндра. Давление сжатого воздуха может быть регулировано в зависимости от рода исполняемой работы.

Вообще работа на машинах для сварки точками и швом при мощностях более 15—16 киловатт является уже утомительной работой для рабочего, вследствие чего они снабжаются тем или другим приспособлением для осуществления надавливания. Достаточно принять во внимание то обстоятельство, что одним рабочим может быть произведено до 15 000 сварок в смену, чтобы оценить преимущество машин, снабженных механическим приспособлением для осуществления надавливания.

Машины завода Gesellschaft für elektrotechn. Industrie.

Этой фирмой строятся машины для сварки точками мощностью от 2 до 15 киловатт. Самая малая машина для сварки точками напоминает описанные выше сварочные машины завода Elektrische Schweißmasch.-Gesellsch. Она отличается от этих последних главным образом тем, что может быть привинчена к любому столу или верстаку. Отдельно она представлена на фиг. 149. Она приспособлена для исполнения самых легких работ и имеет значительное распространение на электротехнических заводах для приварки серебряной предохранительной проволоки к контактным пластинкам из меди или латуни. Машины большей мощности для сварки точками весьма похожи в отношении своей конструкции на машины завода Всеобщей Компании Электричества. Некоторые данные о машинах для сварки точками с полуавтоматическим приводом помещены в нижеследующей таблице:

Максимальное потребление энергии киловатт	Общая толщ. материала мм.	Нормальный полезный вылет мм	Занимаемая площадь мм.	Вес нетто кг.
8	5	250	560×730	265
10	6	250	560×730	280
12	8	250	560×730	310
16	12	300	720×890	390
18	14	300	720×890	410
25	16	360	850×1100	800
30	20	360	850×1100	875

Фиг. 149. Машина для сварки точками завода Gesellsch. für elektrotechn. Industrie.

Машины для сварки швом этой фирмы отличаются, как уже было выше упомянуго, тем, что перемещение электродов происходит с периодическими остановками, во время которых и производится собственно сварка. Сварочный ток, таким образом, циркулирует только во время покоя электродов, а не во время движения, как это имеет место при машинах заводов Сименс-Шуккерт и Всеобщей Компании Электричества.

Подобный тип машин для сварки швом представлен на фиг. 150 и 151. Первая машина служит для изготовления

Фиг. 150. Машина для сварки продольных швов завода Gesellsch. f. elektrotechnische Industrie с прерывистым движеним электродов.

продольных, а вторая для изготовления кольцевых швов. У первой машины приводится в движение только верхний электрод, а у второй — и верхний, и нижний. Принцип действия этих машин был уже подробнее описан выше.

Для различных специальных случаев машины эти снабжаются самыми разнообразными по форме электродами.

Так, например, на фиг. 152 представлена машина для сварки краев двух штампованных половинок секций для батарей центрального отопления. Машины эти строятся мощ-

Фиг. 151. Машина для сварки кольцеевых швов завода Gesellschaft f. elektrotechnische Industrie с перывистым движением электродов.

ностью от 8 до 25 киловатт. Меньшие типы употребляются главным образом на заводах, изготовляющих простую и эмалированную посуду, различные сосуды, банки и проч. Более тяжелые типы для сварки материала с общей толщиной до 10 мм. применяются в производстве железных бочек для транспорта жидкостей, легких резервуаров, предохранительных крыльев автомобилей и проч. Скорость продвижения электродов при этом доходит до 1,5 сантиметров в секунду.

На фиг. 153 представлена машина для изготовления кольцевых швов. Нижний электрод имеет при этом наклон-

Фиг. 152.

ное положение и приспособлен для заварки днищ, банок и других цилиндрических сосудов. Нижний электрод может иметь больший или меньший диаметр в зависимости от рода

Фиг. 153.

исполняемой работы. Скорость сварки на этих машинах доходит до 2,5 сантиметров в секунду.

Особый тип машин для сварки продольных швов представлен на фиг. 154. Эта машина предназначена для сварки продольных швов при более толстом материале и крупных частях. Она отличается от вышеописанных машин тем, что изделие во время сварки покоится на нижнем электроде, имеющем цилиндрическую форму. Верхний же электрод перемещается прерывистым движением. Надавливание верхнего электрода осуществляется при помощи пружины. Этот

Фиг. 154.

тип машины специально приспособлен для изготовления железных бочек для транспорта жидкостей или других подобных сосудов, отличающихся большой длиной и большим весом.

Машины завода Maschinenbau-Anstalt Moll, Aktiengesellschaft.

Этот завод строит машины для сварки точками мощностью 2 до 30 киловатт. Конструкция этих машин не отличается какими либо особенностями. Некоторые данные об этих машинах помещены в нижеследующей таблице:

Максимальное потребление энергии киловатт	Максимальная общая свариваемая толщ. мм.	Нормальный полезный вылет мм.	Занимаемая площадь мм.	Вес нетто кг.
2	1,4	120	450× 450	65
4	2,5	120	450× 450	75
8	5	250	560× 730	240
10	6	250	560× 730	265
12	8	250	560× 730	285
16	12	300	720× 890	360
18	14	300	720× 890	380
25	16	360	850×1100	760
30	20	360	850×1100	830

Фиг. 155. Специальная сварочная машина с поперечными салазками вместо нижнего электрода. Констр. завода Maschinenbau-Anstalt Moll, Akt.-Gesellschaft, Chemnitz.

Машины для сварки швом строятся мощностью от 8 до 30 киловатт. Корпус этих машин тот же, что и у машин для сварки точками. В зависимости от исполняемой работы они снабжаются различными специальными приспособлениями.

Так, напр., на фиг. 155 изображена сварочная машина для сварки продольных швов, отличающаяся тем, что нижний электрод имеет форму шины, передвигаемой в направляющих при помощи маховичка с рукояткой. На этой машине могут быть сварены швы до 500 мм. длиною при одном передвижении. Опускание верхнего роликового электрода производится при помощи ножной педали.

На фиг. 156 представлена сварочная машина со специальным приспособлением для сварки продольных швов небольших металлических цилиндров, как, напр., цинковых цилиндров для сухих электрических элементов, частей патрубков и т. д. Согнутые металлические цилиндры надеваются на медный электрод соответствующего диаметра, укре-

Фиг. 156. Специальная машина для заварки продольных швов металлических цилиндриков. Нижний электрод перемещается в направляющих при помощи ручного рычага. Констр. завода Maschinenbau-Anstalt Moll, Akt.-Gesellschaft, Chemnitz.

пленный на кронштейне, перемещающемся в направляющих при помощи рукоятки, насаженной на вал зубчатого колеса, сцепленного с зубчатой рейкой.

Диаметр цилиндрического медного электрода точно соответствует внутреннему диаметру свариваемого изделия и служит поэтому и калибром, обеспечивающим точность размеров свариваемых цилиндров.

Данные о машинах для сварки швом завода Moll-A.-G. помещены в нижеследующей таблице:

Максимальное потребление энергии киловатт	Максимальная толщина свариваемого материала мм.	Полезный вылет мм.	Приблизительный вес кг.
8	2×0,6	250	45
10	2×0,8	250	45
12	2×1	250	45
16	2×1,5	300	55
18	2×1,7	300	55
25	2×2	360	70
30	2×2,5	360	85

Фиг. 157. Машина для сварки кольцевых швов завода Maschinenbau-Anstalt Moll. Akt.-Gesellschaft, приспособленная специально для производства ободьев для велосипедных колес.

На фиг. 157 представлена машина для сварки кольцевых швов того же завода, приспособленная специально для изготовления ободьев велосипедных колес, для каковой цели роликовые электроды имеют специальный профиль. В остальном эта машина не отличается от предыдуших типов.

Машины завода Deutsche Schweißmasch. Fabr. Recker & Co.

Этот завод строит сварочные машины для сварки точками мощностью от 2 до 30 киловатт, характеристика которых помещена в нижеследующей таблице:

Максимальное потребление энергии киловатт	Максимальная толщина свариваемого материала мм.	Полезный вылет мм.	Приблизительный вес кг.	Занимаемая площадь мм
2	2×0,5	135	30	350× 450
4	2×0,8	180	70	600× 600
8	2×2,5	295	275	440× 700
10	2×3	295	330	440× 700
12	2×4	295	340	440× 700
16	2×6	370	400	500× 950
20	2×7,5	370	500	550×1200
25	2×8,5	470	550	580×1400
30	2×10	470	620	580×1400

В конструктивном отношении эти машины не представляют каких либо оригинальных особенностей.

Что касается машин для сварки швом этого завода, то они снабжаются особым автоматическим прерывателем тока, который приводится в движение от того же привода, что и сварочная машина. Сбережение электрической энергии, которое получается при применении этого автоматического выключателя может быть весьма значительно. Данные о машинах для сварки швом помещены в нижеследующей таблице:

Максимальное потребление энергии киловатт	Максимальная толщина свариваемого материала мм.	Полезный вылет кг.	Приблизительный вес кг.	Занимаемая площадь мм.
8	2×0,6	350	300	440× 700
10	2×0,8	350	355	440× 700
12	2×1	350	365	440× 700
16	2×1,3	350	430	500× 950
20	2×1,6	400	530	550—1200
25	2×1,8	450	590	580×1400
30	2×2	450	660	580×1400

Кроме вышеприведенных типов машин этот завод строит целый ряд комбинированных машин, т. е. сварочных машин, приспособленных для производства сварки несколькими способами, как, например, для сварки в стык и точками, для сварки в стык и швом и проч. Другими словами, одна и та же сварочная машина снабжена двумя видами приспособлений для сварки, так что на одной и той же машине могут работать одновременно два человека, производя различные работы.

Машины завода Wenninger Elektro-Schweißmasch. Fabrik.

Этот завод строит машины для сварки точками мощностью от 3 до 25 киловатт, а также и для сварки швом мощностью от 5 до 14 киловатт. Этими последними могут быть сварены двойные листы железа толщиною листа от 0,3 до 1,2 мм. При машинах для сварки продольных швов верхний электрод производит движение от механического привода, в то время как нижний электрод увлекается трением металла. У машин для сварки кольцевых швов, применяемых для приварки днищ и проч., вращается, наоборот, нижний электрод, а верхний увлекается трением металла. Скорость движения электродов может быть регулирована в значительных пределах.

Машины для сварки швом могут быть превращены в таковые для сварки точками простой заменой держателей электродов. Данные о машинах для сварки точками помещены в нижеследующей таблице:

Максимальное потребление энергии киловатт	Максимальная толщина свариваемого материала мм.	Полезный вылет мм.	Приблизительный вес кг.
3	1,5	100	65
5	2,5	200	155
8	4	250	210
10	6	300	260
12	8	350	310
14	10	375	340
16	12	400	480
25	16	450	530

Машины завода Рихард Мак в Берлине.

Как было уже упомянуто выше, машины этой фирмы снабжены автоматическим регулятором, выключающим ток, когда последний достигает определенной силы.

На фиг. 158 представлена сварочная машина для сварки точками, снабженная таким регулятором. На верхнем держателе электрода видно рэле, а с левой стороны сварочной машины укреплен автоматический выключатель тока. Этот выключатель тока может быть и подвешен к стене. От других машин эта машина отличается еще тем, что замыкатель тока помещен на тяге, соединяющей ножную педаль с рычагом держателя верхнего электрода.

Такое устойство имеет то преимущество перед устойством для замыкания тока, описанном в главе IV, что ток всегда включается после прикосновения верхнего электрода к свариваемому изделию в нужный момент.

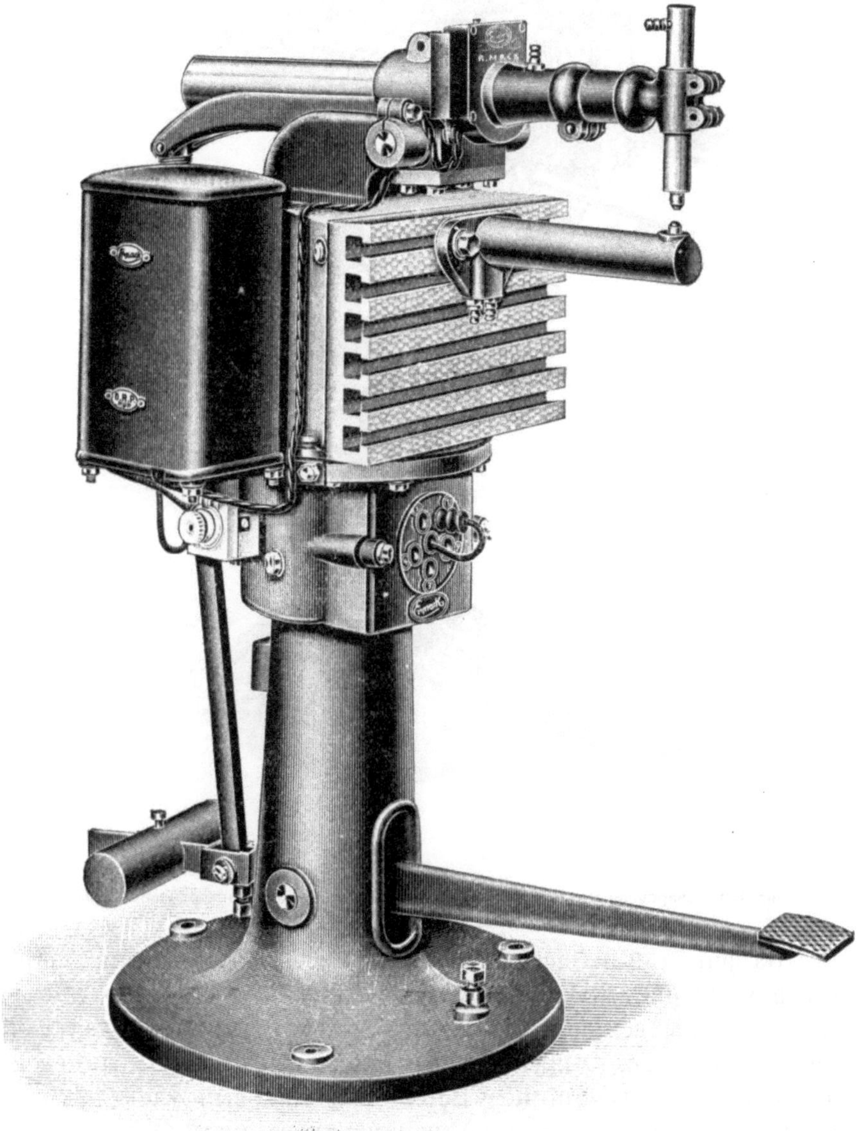

Фиг. 158. Машина для сварки точками завода Richard Mack.

Машина снабжена также пятиступенчатым регулятором силы тока с штепсельным коммутатором, видным на рисунке.

Поднятие верхнего электрода производится под действием груза, подвешенного к левой половине рычага ножной педали.

Фиг. 159. Сварочная машина завода Richard Mack для сварки продольных швов.

На фиг. 159 представлена сварочная машина той же фирмы для сварки продольных швов. На этой машине могут быть сварены всякие трубчатые изделия. Нижний электрод имеет вид рельса, укрепленного перпендикулярно к лицевой плите сварочной машине. Верхний роликовый электрод перемещается при помощи гидравлического цилиндра со скоростью, которая может быть регулирована. Машина эта также снабжена автоматическим регулятором, вследствие чего швы получаются весьма хорошего качества. Отличительной чертой этих машин является еще особое приспособление ввиде двух роликов, обжимающих край вращающегося элек-

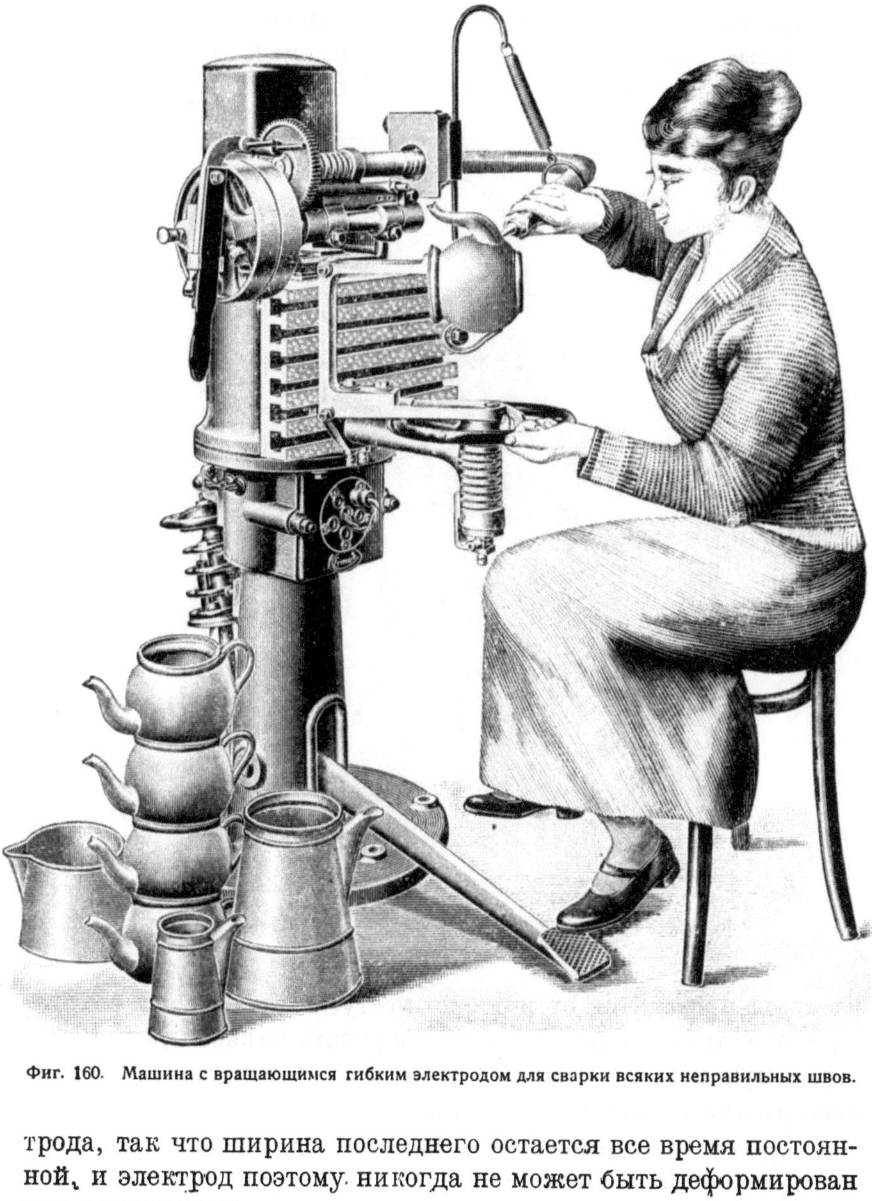

Фиг. 160. Машина с вращающимся гибким электродом для сварки всяких неправильных швов.

трода, так что ширина последнего остается все время постоянной, и электрод поэтому никогда не может быть деформирован при нагревании.

На фиг. 160 представлена своеобразная машина этой же фирмы, отличающаяся тем, что верхний электрод, имеющий форму конуса, укреплен на конце вращающегося гибкого вала. Нижний же электрод имеет специальную форму в зависимости от рода исполняемой работы.

При помощи этой машины могут быть сварены самые разнообразные изделия. При этом свариваемый предмет устанавливается на нижнем электроде, а верхний вращающийся

Фиг. 161. Комбинированная машина для сварки в стык и точками зав Allgem. Elektriz.-Ges.

электрод проводится от руки по месту, подлежащему сварке. При известном навыке удается сваривать такие изделия, которые при помощи обычных машин с жестко укрепленными электродами не могут быть сварены.

Другая комбинированная машина представлена на фиг. 161. Эта машина приспособлена для сварки в стык и для сварки точками.

Подобные комбинированные машины приспособены главным образом для небольших производств, где приходится сваривать разнообразные изделия в сравнительно небольших количествах, и где поэтому не представляется возможным из экономических соображений установить целый ряд отдельных машин, приспособленных только для производства одного способа сварки.

Держатели электродов для сварки точками могут быть также заменены другими приспособлениями для сварки продольных и кольцевых швов.

Очевидно, что в тех случаях, когда приходится иметь дело с массовым производством однотипных изделий, подобные машины не представляют никаких преимуществ.

Глава IX.

Области применения электросварки методом сопротивления.

Применение сварки и стык.

Сварка дымогарных и конденсаторных труб.

Электрическая сварка дымогарных и конденсаторных труб получила уже значительное распространение. Для производства сварки трубы обрезаются пилой под прямым углом и вкладываются в зажим таким образом, чтобы оси отдельных кусков точно совпадали. Зажимы должны иметь специальную форму, чтобы обеспечить хороший контакт.

После того как трубы правильно зажаты, приближают друг к другу концы, подлежащие сварке так, чтобы оставался зазор в несколько миллиметров, и включают ток. Затем приближают концы постепенно друг к другу до того момента, пока ток будет проходить через стык. В это время отводят несколько назад подвижные тиски так, чтобы в месте стыка образовались небольшие вольтовые дуги по всему сечению. Вследствие возникновения этих вольтовых дуг место сварки нагревается чрезвычайно бытро до температуры сварки и свариваемые концы даже несколько оплавляются. Периодическими легкими нажатиями удаляют расплавленный металл и затем более сильным нажатием производят сварку.

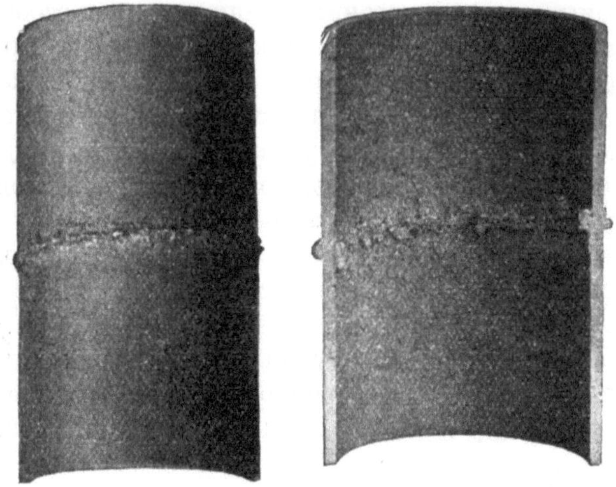

Фиг. 162. Заусенцы, полученные при сварке в стык труб по методу оплавления.

Фиг. 163. Машина для сварки труб в работе
(Паровозостроит. завод Всеобщ. Ко. Электр. в Геннингсдорфе).

При этом способе свариваемые концы успеют нагреться лишь на весьма небольшое расстояние так, что утолщение при обжатии места сварки получается весьма небольшим.

На фиг. 162 представлена подобная сварка в разрезе. Как видно, утолщение получаемое при сварке весьма незначительно.

Сейчас же после сварки в трубу вдвигают стержень, на конце которого укреплен особый инструмент, имеющий вид шлямбура, при помощи которого удаляется металл, выжатый в середину. С другой стороны снаружи на трубу надвигается

Фиг. 164. Вид части мастерской для сварки труб на паровозостроит. заводе Всеобщ. Комп. Электр. в Геннингсдорфе.

другое приспособление, на подобие фрезера, при помощи которого легко удаляется наружное утолщение. Такой способ работы применяется на паровозостроительном заводе Всеобщ. Комп. Электрич. в Геннингсдорфе.

На фиг. 163 представлена сварочная машина для сварки труб в работе, а на фиг. 163 часть мастерской завода Всеобщей Компании Электричества в Геннигсдорфе для сварки дымогарных труб. Справа видна машина для обрезания труб; рядом с ней находится машина, служащая для удаления накипи в котельных трубах. С левой стороны видны наждачные круги для обработки места сварки после предварительного удаления выжатого металла при помощи вышеупомянутого приспособления.

Работа совершается весьма быстро, и при опытности сварщика качество сварки получается весьма хорошим. Так, например, для сварки по описанному методу оплавления трубы с наружным диаметром 50,5 мм. при внутреннем диаметре 50 мм. требуется для оплавления всего 14 секунд при мощности около 7 киловатт; обжатие же занимает всего 1 секунду, причем расход энергии с целью обжатия доходит до 20 киловатт. Весь расход энергии, следовательно, равен 118 киловатт/секундам.

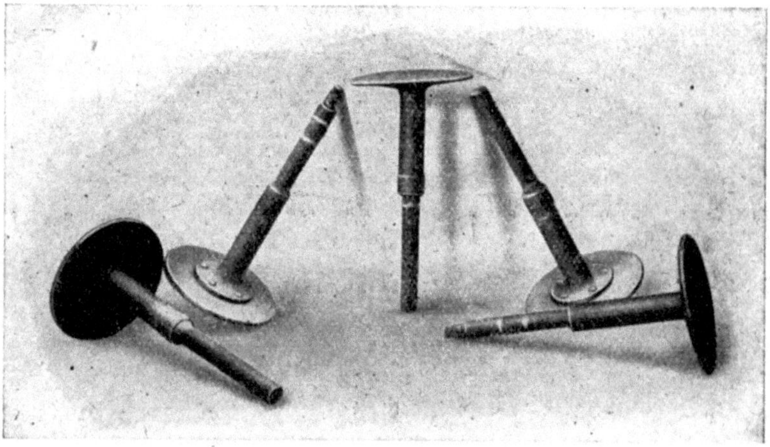

Фиг. 165. Сварка в стык буфферных стержней.

Для сварки дымогарной трубы с внутренним диаметром в 106 мм. при толщине стенки 4 мм. приходится затратить около 30 секунд для оплавления при расходовании энергии в 20 киловатт и около 2 секунд для обжатия при мощности в 50 киловатт, т. е. всего требуется для сварки 760 киловатт-секунд.

Практическое значение возможности подобной сварки дымогарных и котельных труб весьма велико, так как могут быть использованы наилучшим образом все небольшие куски труб, которые без этого метода сварки совершенно не могли бы быть использованы.

Подобным же образом легко свариваются и конденсаторные трубы.

Сварка буфферных стержней.

На фиг. 165 представлены буфферные стержни, сваренные в стык при помощи специальной машины, представленной на фиг. 166. Машина эта построена заводом Всеобщая Компания Электричества и имеет мощность в 200 киловатт. При помощи этой машины могут быть сварены сечения свыше 6000 кв. мм. Необходимое давление для обжатия места сварки

Фиг. 166. Машина для сварки в стык буфферных стержней завода Всеобщ. Комп. Электричества.

получается при помощи гидравлического цилиндра. Губы зажимов для захвата свариваемых частей перемещаются при помощи электромоторов.

Сварка в инструментальном деле.

В инструментальном деле сварка в стык также получила уже весьма значительное применение, как для сварки сломаного инструмента, так и в особенности при изготовлении новых резцов с наваркой быстрорежущей стали на стержни из обыкновенной стали.

На фиг. 167 представлены различные работы из этого рода. Сварка эта производится по методу оплавления, так что привариваемые друг к другу поверхности не должны вовсе быть приработаны друг к другу. Имеющиеся неровности просто оплавляются до того момента, пока не получится плотного контакта по всему сечению.

Этим способом можно приваривать куски высокосортной стали к мягкому стержню и таким образом расходовать дорого стоющую быстрорежущую сталь весьма экономно. Вместо целого инструмента из дорогостоющей стали с одинаковым успехом может быть применена небольшая пластинка,

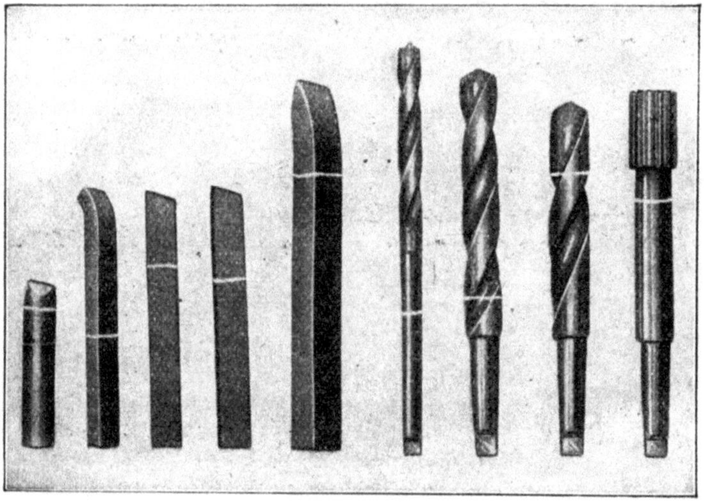

Фиг. 167.

привариваемая к обыкновенному стальному стержню, который в таком случае служит лишь поддержкой для режущей пластинки из высокосортной стали.

Приварка высокосортной стали к стержню из обыкновенной стали при помощи горновой сварки требует наличия весьма большой опытности у сварщика; кроме того качества стали могут пострадать от воздействия печных газов в процессе нагревания.

При электросварке же по методу сопротивления никакого ухудшения материала не происходит, и вся работа совершается быстрее и аккуратнее.

На заводе Всеобщей Компании Электричества в Геннигсдорфе в настоящее время все сварочные работы в инструментальной мастерской производятся исключительно электросваркой.

На фиг. 168 и 169 представлены способы подготовки стали для наварки пластинки быстрорежущей стали.

Сварка цепей.

Торговые сорта цепей, как калиброванных, применяемых для кранов под'емых механизмов и проч, так и некалиброванных, применяемых для различных сельско-хозяйственных надобностей, изготовляются в настоящее время преимущественно с применением электросварки при толщине материала до 15 мм. диаметром. На особых специальных машинах цепь

Фиг. 168.

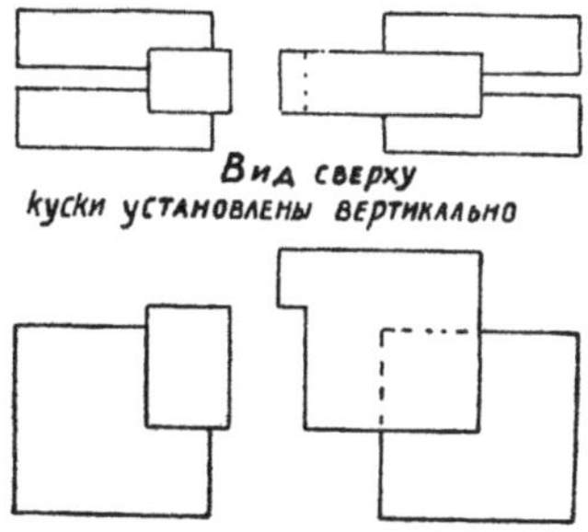

Фиг. 169.

подготовляется таким образом, что из проволоки соответствующего диаметра изготовляется цепь, звенья которой сочленены друг с другом и согнуты настолько, как это требуется для дальнейшей операции сварки. Машины эти для подготовки цепей устраиваются совершенно независимо от сварочных машин, так как первые работают значительно скорее вторых.

Торговые сорта некалиброванных цепей в большинстве случаев свариваются при помощи машин с ручным или полуавтоматическим приводом; звенья этих цепей обычно длиннее звеньев калиброванных цепей. При производстве первого рода цепей утолщение, получаемое при сварке цепи, обычно остается, так как оно не имеет практического значения, в то время как при производстве калиброванных цепей, означенное утолщение должно быть обжато, а полученные заусенцы должны быть удалены. В зависимости от этого и процессы производства цепей отличается друг от друга.

На фиг. 170 представлена схема сварки некалиброванных цепей. Подготовленное звено вкладывается в специальную поддержку А, при помощи которой оно, приподнимаясь, прижимается к двум электродам E_1 и E_2, установленным неподвижно. При этом концы звена прижимаются друг к другу. В момент замыкания звена происходит и замыкание электрического тока в сварочной цепи. Ток проходит от электрода E_1 через стык концов звена и направляется ко второму электроду E_2, производя нагревание места сварки. По достижении необходимой температуры сварки дальнейшим продвижениям поддержки А производится обжатие места сварки, так как звено сжимается между поддержкой А и электродами.

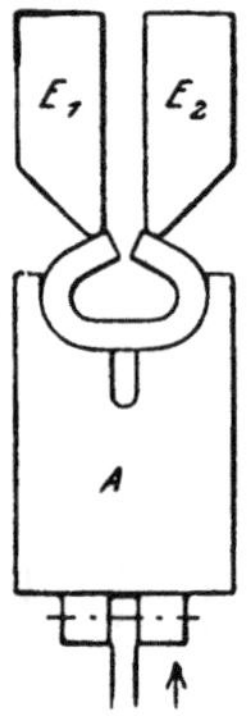

Фиг. 170. Схема сварки цепных звеньев некалиброванных зепей.

По этой схеме работают сварочные машины с ручным и полуавтоматическим приводом. На фиг. 171 представлена подобная машина с ручным приводом конструкции Всеобщей Компании Электричества, а на фиг. 172 машина для сварки цепей завода Гефей с приводом от трансмиссии полуавтоматического действия. На этих машинах может быть сварено до 17—18 звеньев в минуту, при толщине материала около 6 мм.

На фиг. 173 представлена схема автоматической сварочной машины для производства калиброванных цепей. Подготовленная цепь подводится при помощи шкива *a* к стальным электродам *c* и *b*, форма и размеры которых соответствуют калибру свариваемой цепи. Зажим *b* неподвижен во время работы и может быть установлен при помощи винта в требуемом положении. Зажим *c* подвижен и перемещается в направляющих вправо, когда рычаг *e*, имеющий точку вращения у *d*, отодвигается влево при помощи кулачка *f*, укрепленного на диске, насаженном на вращающийся вал *g*. Край этого диска постепенно утолщается, вследствие чего рычаг *e* отодвигается влево постепенно, причем одновременно отодвигается вправо зажим *c*, производя обжатие звена, зажатого между электродами. Когда концы звена замкнуты, происходит включение сварочного тока, а затем и обжатие места сварки, когда кулачек *f* отодвигает рычаг *e* влево.

Фиг. 171. Машина для сварки цепей с ручным приводом.

Обратное перемещение зажима *c* происходит под действием пружины, при помощи которой конец рычага *e* отодвигается вправо при дальнейшем перемещении кулачка *f*.

Включение и размыкание сварочного тока производится при помощи пальцев *p*, насаженных на тот же приводной вал *g*, приводимый в движение от привода. На этот же вал насажены эксцентрики *h*, к которым прижимаются при помощи пружин ролики рамы *k*, на которой укреплен вышеупомянутой шкив *a*, служащий для подвода цепных звеньев к зажимам *c* и *b*. При вращении вала *g* с эксцен-

Фиг. 172. Полуавтомат для сварки некалиброванных цепей завода Гефей.

триками *h* в направлении стрелки, рама *k* вместе со шкивом *a* отодвигается от зажимов *c* и *b*. При этом, однако, неподвижная собачка *l* заставляет повернутся на 90° зубчатку *m*, а вместе с зубчаткой *m* повернется на 90° и шкив *a*. Поворачивание на 90° обеспечивается тем, что на тот же вал насажена гайка *n*, боковые плоскости которой удерживаются в определенном положении под действием пружин *o*. После поварачивания шкива *a* на 90°, рама *k* вместе со шкивом и

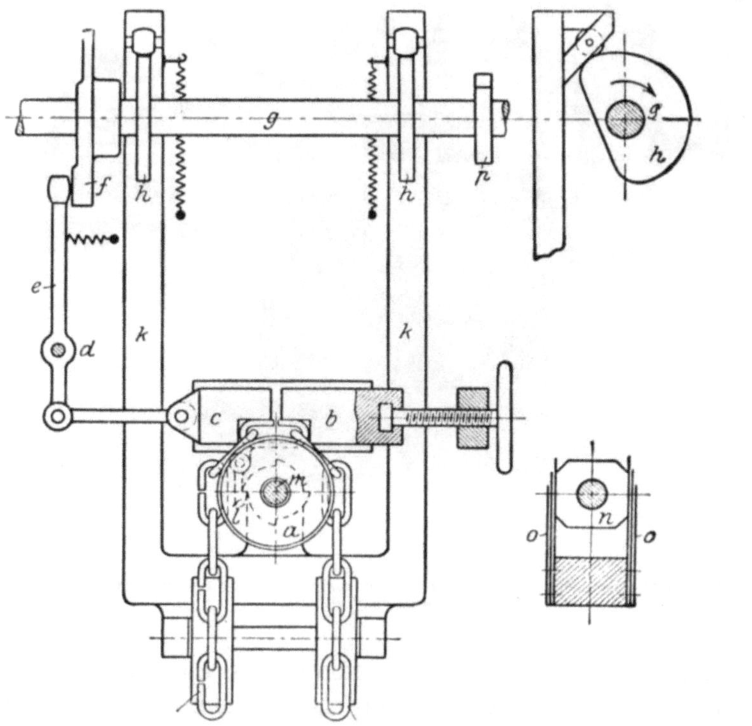

Фиг. 173. Схема действия автоматической машины для сварки калиброванных цепей.

новым звеном придвигается опять к зажимам *c* и *b*, благодаря действию эксцентрика *h*. Затем происходит сварка этого нового звена в такой же последовательности, как и сварка первого звена.

Как при работе на машинах с ручным и полуавтоматическим действием, сварка цепей производится таким образом, что сначала свариваются все нечетные звенья, а затем уже четные звенья; цепь таким образом проходит через сварочную машину два раза.

Автоматические машины для сварки цепей снабжаются кроме того приспособлением для обжатия и удаления заусенцов. На фиг. 174 представлена подобная автоматическая машина для сварки цепей завода Всеобщей Компании Электричества. Ток подводится при помощи особых электродов, обжатие же производится при помощи зажимов.

Фиг. 174. Автоматическая машина для сварки калиброванных цепей с автоматическим удалением заусенцев.

В нижеследующей таблице помещены средние данные о производительности машин для сварки цепей с ручным и полуавтоматическим приводом завода Всеобщей Компании Электричества:

Род машин.	Мощность киловатт	Толщина материала мм.	Число звеньев в минуту	Расход энергии на привод л. с.
Ручной привод	5—6	3—6	10—12	—
„	8—9	5—8	10—12	—
„	12—14	8—12	6—10	—
Поулавтоматы	5—6	3—5	12—25	1—4
„	8	5—8	10—15	1
„	12	7—12	6—10	

При машинах завода Гефей с полуавтоматическим действием (фиг. 172) вся работа сварщика ограничивается надавливанием ножной педали и последующим освобождением ее, благодаря чему открывается и закрывается зажимы для вынимания сваренных звеньев и вкладывания новых. Все остальные операции, т. е. включение тока, сварка, обжатие и размыкание тока, происходят после освобождения ножной педали совершенно автоматически. Степень обжатия и момент выключения сварочного тока могут быть легко регулированы, в зависимости от потребностей.

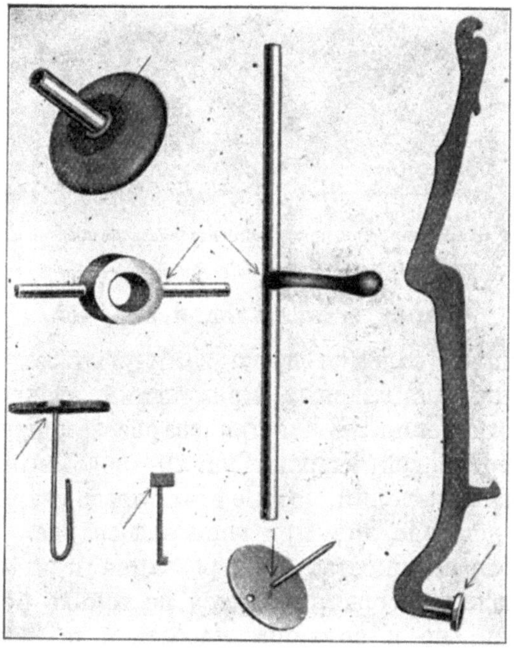

Фиг. 175. Приварка стержней, ручек и проч частей торцом.

Приварка стержней, ручек и проч.

На фиг. 175—176 представлены различные случаи приварки торцом полосового материала к листовому материалу и к различным машинным деталям. Этот способ сварки применяется главным образом в тех случаях, где прежде применялось приклепывание, а также для упрощения различных поковок. Приведенные иллюстрации дают представление о неограниченных возможностях применения подобных сварок в мелкой металлической промышленности, как, например, при производстве швейных машин, пишущих машин, огнестрельного оружия, производстве сельскохозяйственных машин и орудий и т. д. Различные конструктивные элементы могут быть упрощены значительно, причем одновременно может быть достигнуто значительное ускорение производства и сбережение материала.

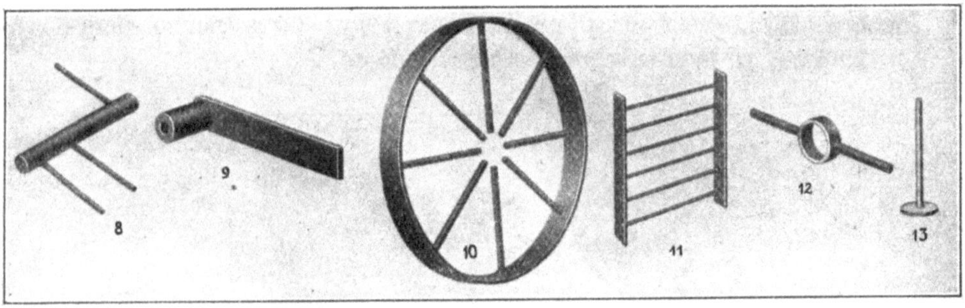

Фиг. 176. Примеры приварки торцом пруткового материала из практики машиностроения.

Сварка шин, колец и обручей.

Сварка шин, колец и проч. замкнутых изделий в стык является одним из главных применений электросварки по методу сопротивления. Хотя при сварке замкнутых изделий расход электрической энергии на 20—30% выше, чем при сварке открытых изделий, все же этот способ сварки обходится значительно дешевле, чем при горновой сварке.

Однако, преимущества электросварки при изготовлении замкнутых изделий ограничиваются не только меньшей стоимостью сварки, но и большим удобством производства, так как работа может быть произведена менее квалифицированными рабочими, причем имеется бóльшая гарантия в точности размеров получаемых изделий, чем это может иметь место при горновой сварке. Сварка может быть произведена в той же мастерской, где происходит дальнейшее применение свариваемых изделий.

На фиг. 177 представлена машина для сварки в стык обручей. Зажимы имеют специальную форму соответственно диаметру свариваемого изделия. На фиг. 178 представлены другие примеры сварки в стык различных замкнутых изделий.

Фиг. 177. Сварка шин на машине **Allgem. Elektrizit.-Gesellsch.** мощностью 40 килловатт

На заводе Deutsche Werft в Гамбурге при массовом производстве металлических бочек для транспорта жидкостей свариваются все ободья двутаврового сечения исключительно электросваркой. Производство при этом делается совершенно независимым от кузницы, так как электрические сварочные машины могут быть установлены в любом месте мастерской, где это требуется по плану производства. Сбережения, по-

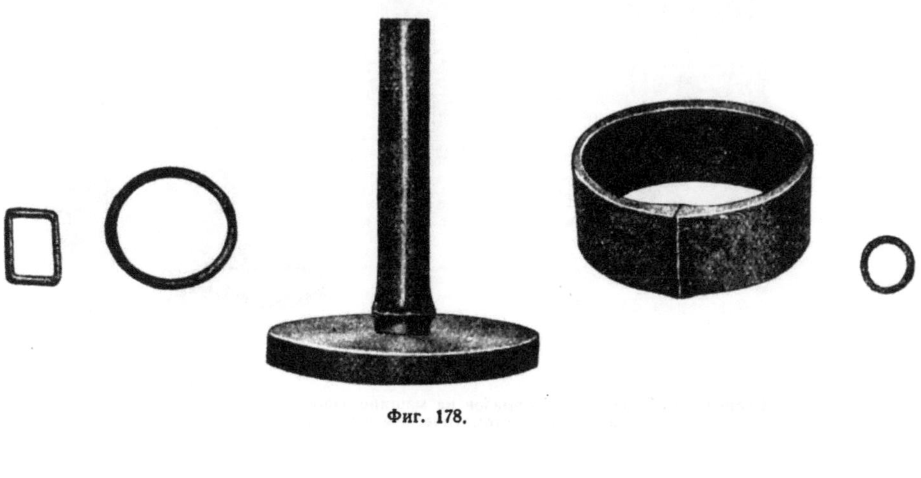

Фиг. 178.

лучаемые при этом вследствие исключения излишнего транспорта материала, весьма значительны.

Подобным же образом организована сварка ободьев при производстве металлических бочек на заводе Moll-Werke A.-G. в Хемнице.

Сварка различных деталей в машиностроении.

На фиг. 179 и 180 представлено применение сварки частей железнодорожных тормазов. Для производства этой работы

Фиг. 179. Сварка частей вагонных тормазов на машине завода Gesellschaft für elektrotechn. Industrie с автоматическим выключателем.

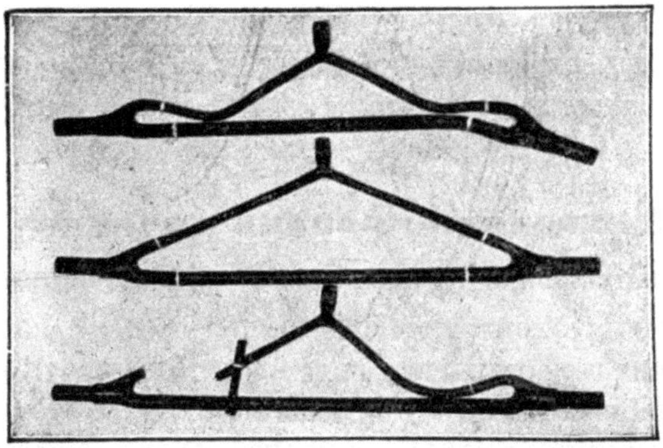

Фиг. 180. Сваренные в стык части тормазов выдерживают значительную деформацию. Образцы сварены на машине завода Maschinenbau-Anstalt Moll, Akt.-Gesellschaft.

применяются обычные машины для сварки в стык тяжелого типа. О качестве сварки можно судить по фиг. 180.

Этим же способом на паровозо-и вагоностроительных заводах свариваются всевозможные тяги и скрепления. Отдельные части изготовляются штамповкой (см. фиг. 181), благодаря чему работа значительно упрощается и приобретает характер массового производства.

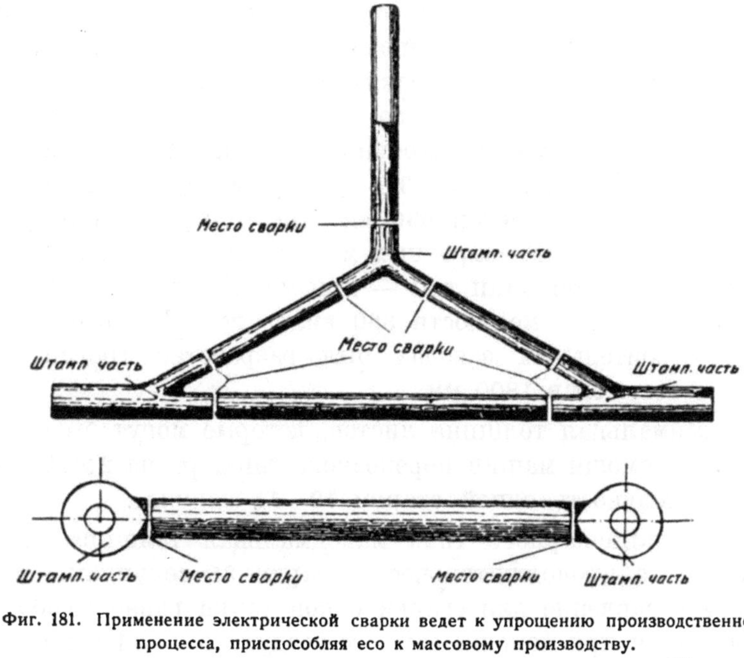

Фиг. 181. Применение электрической сварки ведет к упрощению производственного процесса, приспособляя есо к массовому производству.

Весьма большое распространение сварка в стык получила для подобных работ в производстве сельскохозяйственных машин и в автомобилестроении.

Применение сварки точками.

Сварка в вагоностроении и судостроении.

Применение электрической сварки в деле изготовления металлических товарных вагонов впервые было применено в Америке. Первый вагон с применением электрической сварки был построен еще в 1911 году на заводе American 'Car & Foundry Co. и после семилетней работы на Бурлингтонской железной дороге не обнаружил еще никаких следов разрушения.

При предварительном испытании его с нагрузкой в 150% нормальной нагрузки не было установлено никаких остающихся деформаций. Около 85 % всех заклепок было заменено электросваркой по методу сопротивления, и для постройки его был разработан специальный тип сварочной машины. Остальные 15% заклепок были оставлены, вследствие малой доступности известных мест для электросварки.

В судостроении электрическая сварка по методу сопротивления получила значительное распространение в Америке. На основании статистических данных было установлено, что в деле судостроения около 80% всех работ могут быть выполнены при помощи сварочных машин для сварки точками с вылетом электродов 305 мм., а остальные 20% при помощи машин с вылетом 686 мм. На этом основании было разработано два типа сварочных машин для производства работы на месте. Меньший тип — для мощности 265 киловатт, а больший — для мощности 350 киловатт. Для работы же на судостроительных заводах был разработан третий тип машин с вылетом в 1800 мм.

Максимальная толщина листов, которые могут быть сварены при помощи машин переносного типа, равна 2×12 мм.; продолжительность одной сварки 12—15 секунд.

Для стационарного типа максимальная толщина равна 2×19 мм., а продолжительность сварки 35 секундам. Максимальное давление для сварки одной точки равно 13 600 кг. и получается при помощи сжатого воздуха в 7—11 атмосфер.

Машины эти устроены таким образом, что одновременно могут быть сварены две точки, так что общее давление, необходимое для сварки, равно 27 200 кг. По своей конструкции эти машины напоминают гидравлические или пневматические клепальные машины (см. фиг. 182). Расстояние между отдельными точками сварки может изменяться от 150 до 250 мм. при диаметре точки сварки 32 мм.

Трансформаторы имеют небольшие размеры, несмотря на большую силу тока; так, например, при 50 000 ампер размеры трансформатора для стационарной установки равны

Фиг. 182. Машина для сварки точками конструкции General Electric Co. для судовых работ.

280×410×460 мм. (соответствует первичному току 1800 ампер при напряжении 500 вольт). Сердечники катушек состоят из медных трубок, охлаждаемых водой и допускают перегрев на 150° С.

Сварка точками в деле производства посуды и различных металлических орудий.

В различных производствах металлической промышленности сварка точками применяется везде там, где прежде применялись заклепочные соединения и склепывание. Так, на-

Фиг. 183. Примеры применения сварки точками при производстве посуды.

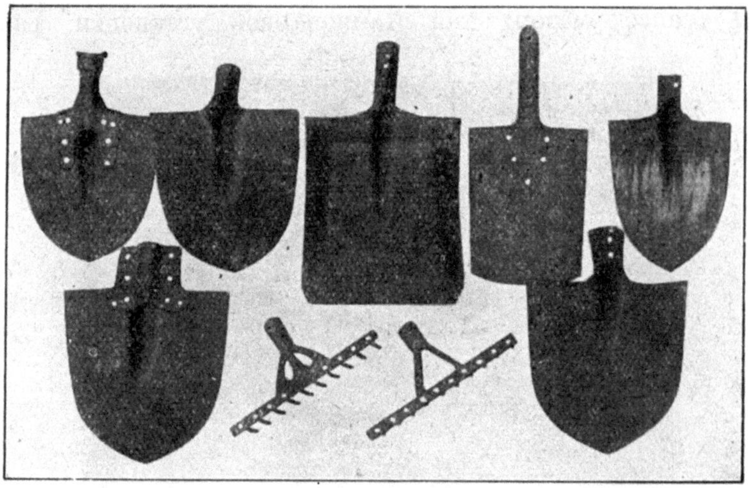

Фиг. 184. Примеры применения сварки точками и приварки пруткового материала торцом к листовому.

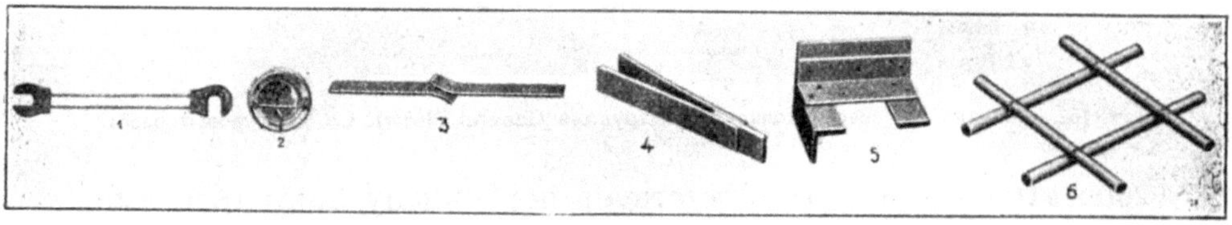

Фиг. 185.

Фиг. 186.

пример, в производстве металлической посуды, как простой, так и эмалированной, ручки и ушки привариваются, ибо эта работа обходится несравненно дешевле, чем склепывание, так как разметка и пробивка отверстий совершенно отпадает, а также упрощается работа сварки, благодаря применению шаблонов и кондукторов. Не менее широкое распространение электрическая сварка точками получила в деле изготовления различных предметов домашнего обихода, лопат и других орудий. Некоторые иллюстрации этих работ приведены на фиг. 183 и 184.

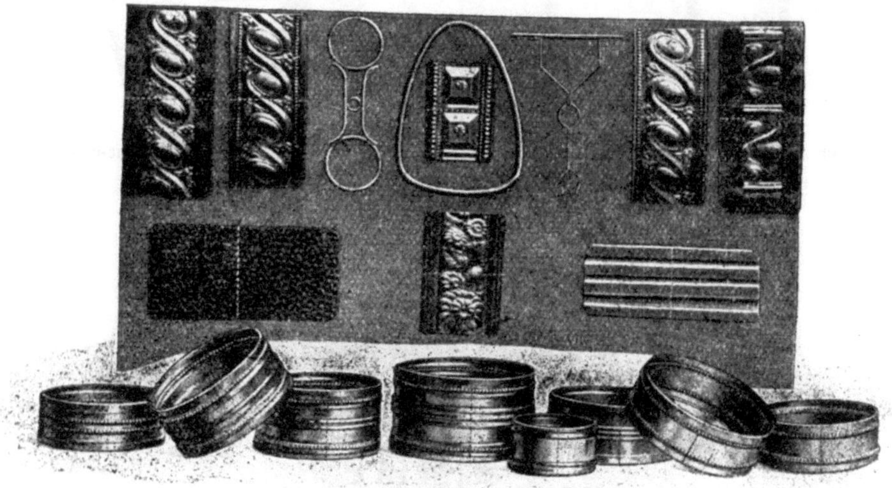

Фиг. 187.

Сварка в деле изготовления электрической арматуры.

На фиг. 185—188 иллюстрировано применение электрической сварки точками в электротехнической промышленности. В этой промышленности электрическая сварка точками получила особенное распространение, как в производстве предохранителей для приварки серебряной предохранительной проволоки к штампованным частям из меди и латуни, так и для сварки различных частей и деталей электрических аппаратов и арматуры, а также для приварки нитей ламп накаливания.

Фиг. 188. Примеры применения сварки точками в электротехнической промышеленности.

Фиг. 189.

Фиг. 190.

Сварка в железнодорожном деле и при изготовлении сигнализационных приспособлений.

На фиг. 189—190 представлен способ приварки рельсовых контактов электрических железных дорог американского общества Electric Railway Improvement Co., а на фиг. 191 гидравлическая сварочная машина общества Lorain Stul Co. для приварки рельсовых накладок к трамвайным рельсам, уложенным на место. Как видно, эта сварочная машина допускает

Фиг. 191.

Фиг. 192. Различные части сигнализационных приспособлений, применяемые в жел.-дор. деле, сваренные точками.

Фиг. 193.

Фиг. 194. Сварка цилиндрических частей сосудов и банок на машине заводы Гефей.

производство работы на месте; она подвешивается к трамвайному вагону в вертикальном положении, причем ток для производства сварки берется из трамвайной сети. Трансформатор помещается между двумя рычагами, несущими на нижних концах электроды. Верхние концы этих рычагов сопряжены с поршнями гидравлического цилиндра, в который накачивается вода при помощи ручного насоса. Давление, под которым электроды прижимаются к месту сварки, контролируется при помощи манометра.

На фиг. 192—193 представлены различные части сигнализационных приспособлений, применяемые в железнодорожном деле и изготовленные электросваркой точками.

Применение сварки швом.

Сварка в производстве посуды и сосудов.

Электрическая сварка швом получила весьма значительное распространение в деле изготовления металлической посуды и применяется вместо прежнего фальцевания, спайки и склепывания. Особенно большое распространение этот способ сварки получил в производстве эмалированной посуды, как для сварки продольных швов, так и для наварки днищ.

На фиг. 194 представлен способ изготовления продольных швов при помощи сварочной машины завода Гефей с прерывистым передвижением роликового электрода. Работа производится таким образом, что согнутые цилиндры свариваются в двух или трех точках вдоль шва, либо на машине для сварки точками, либо на той же машине для сварки швом, а затем уже стык проводится под верхним вращающимся роликовым электродом.

По сравнению с прежними способами соединения посредством заклепок, спайки и фальцевания электрическая сварка швов имеет большие преимущества в смысле стоимости и расходования материала. Для изготовления шва при помощи электрической сварки достаточно весьма небольшого перекрытия, вследствие чего получается значительное сбережение материала по сравнению с фальцеванием.

Скорость изготовления швов электросваркой значительно превышает скорость при сварке автогенным способом; при более толстом материале достигается пятикратная скорость, а при тонких листах десяти- и пятнадцатикратная скорость сварки по сравнению с автогенной сваркой.

Помимо сего для получения хороших результатов при электросварке не требуется такого навыка и опыта, как при автогенной сварке.

При изготовлении консервных и других банок в массовом количестве, нижний электрод имеет форму цилиндра, наружный диаметр которого точно соответствует внутреннему диаметру изготовляемого цилиндра. В этом случае предварительное схватывание цилиндра в нескольких точках является

Фиг. 195. Заварка днищ сосудов и банок при массовом производстве на машине завода Гефей.

излишним; кроме того цилиндрический нижний электрод является вместе с тем и калибром, обеспечивающим вполне точные размеры свариваемого трубчатого изделия. (Сравни также фиг. 141 и 154).

Для заварки днищ сосудов применяются машины для изготовления кольцевых швов с роликовыми электродами, поставленными поперек. Подобная машина представлена на фиг. 151, при помощи ее заварка днищ производится по схеме a и b фиг. 143. При этом и нижний, и верхний электроды получают вращение от главного приводного вала машин.

При массовом производстве нижнему электроду придают диаметр, равный внутреннему диаметру изготовляемых сосудов. Для возможности сварки сосудов различных диаметров имеется целый ряд запасных электродов различных диаметров, как это представлено на фиг. 195. На этой машине сварка производится по схеме с фиг. 143 (сравни также фиг. 142).

Фиг. 196. Заварка днищ на машине с двумя верхними роликовыми электродами завода Гефей.

Значительное ускорение работ может быть достигнуто при устройстве двух верхних электродов, производящих сварку одновременно в двух местах, как это видно из фиг. 196, на которой представлена специальная сварочная машина для заварки днищ завода Гефей. У этой машины только нижний электрод, имеющий специальную форму, соответствующую внутреннему диаметру сосуда, получает прерывистое вращательное движение, в то время как верхние электроды вращаются благодаря трению.

Скорость сварки, вообще говоря, не является величиной постоянной, а зависит в значительной степени от толщины материала и состояния его поверхности. Чистый материал сваривается значительно легче и скорее, чем материал, покрытый окислами и ржавчиной. Мягкое железо с малым содержанием углерода сваривается скорее, чем железо с большим содержанием углерода.

Фиг. 197. Заварка днищ железных бочек с тремя парами электродов на машине завода Гефей.

Другой тип специальной машины для заварки днищ представлен на фиг. 197. Машина эта приспособлена для заварки днищ, железных бочек для транспорта жидкостей и снабжена тремя парами электродов, так что сварка производится одновременно в трех местах по окружности днища. Заварка днища производится при этом по схеме b фиг. 143. Бочка устанавливается на специальный стол, который получает вращательное движение с перерывами.

В смысле скорости работы эта машина значительно превосходит все другие типы, так как для заварки всего днища требуется только, чтобы бочка повернулась на одну треть окружности, т. е. на 60°.

Применение трех пар электродов имеет еще то преимущество, что машина может быть прямо присоединена к сети трехфазного тока, причем все фазы нагружаются совершенно одинаково.

Электроды легко могут быть установлены для сварки различных диаметров при различной толщине материала и различной высоте цилиндрической части бочки. Скорость сварки при изготовлении металлических бочек доходит до 1 см. в секунду.

Фиг. 198. Примеры применения различных способов электросварки методом сопротивления Maschinenbau-Anstalt Moll, Akt.-Gesellschaft.

При изготовлении посуды, патрубков, а также при исполнении других работ, сварка швом и сварка точками часто применяются в самых разнообразных комбинациях при производстве одного и того же изделия. На фиг. 198 и 199 представлены различные изделия, в процессе изготовления которых применяются все способы сварки методом сопротивления.

Сварка в производстве труб.

Производство труб, сваренных в стык при помощи электрической сварки, получает в последнее время все большее распространение. На фиг. 200 представлена сварочная ма-

Фиг. 199. Применение различных способов электросварки по методу сопротивления в железно дорожной м-ской **Maschinenbau-Anstalt Moll, Akt.-Gesellschaft.**

шина американской конструкции для сварки труб большого диаметра. Загнутая труба C проходит между двумя вертикальными роликами A, калибр которых соответствует диаметру свариваемой трубы C. Стык трубы находится сверху, и ток к нему проводится при помощи двух роликовых электродов G, таким образом, что он направляется через один роликовый электрод, проходит по стыку и далее через другой роликовый электрод ко второму полюсу вторичной обмотки трансформатора. По мере продвижения трубы стык нагревается до сварочной температуры и обжимается при помощи боковых роликов A.

Фиг. 200. Сварка труб в стык непрерывным швом по методу сопротивления.

На фиг. 201 представлена сварочная машина для сварки труб завода Гефей. На этой машине могут быть изготовлены трубы любой длины при толщине материала от 1 до 3,5 мм. Машина снабжена тремя парами электродов, благодаря чему при применении трехфазного тока получается одинаковая нагрузка всех фаз.

Машины этого типа в настоящее время строятся трех размеров, а именно:

1.	Мощность	3×12	киловатт	для	материала	до	1,2	мм.	толщины
2.	„	3×15	„	„	„	„	2	„	„
3.	„	3×20	„	„	„	„	3,5	„	„

При толщине материала около 1,5 мм. в восьмичасовый рабочий день может быть сварено от 700 до 1500 метров шва в зависимости от большей или меньшей тщательности работы. Расход энергии на вращение механизма равен около 1 лош. с. Расход электрической энергии для изготовления 100 метров шва приблизительно равен:

при толщине материала	1,0	1,5	2,0 мм.
киловатт-часов	5 до 8	9 до 14	15 до 25

Фиг. 201. Сварка труб на машине завода Gesellschaft für elektrotechn. Industrie.

Трубы, изготовленные на этих машинах, употребляются для различных конструкционных целей в производстве велосипедов, железной мебели, как изоляционные трубы, а также и для газо- и водопроводов.

Заводом Рих. Мак в настоящее время также разрабатывается специальный тип сварочных машин для сварки труб.

Глава X.

Экономические данные о сварке методом сопротивления.

Факторы, влияющие на стоимость сварки.

Стоимость сварки складывается из стоимости электрической энергии, стоимости рабочей силы и накладных расходов. Последняя статья оказывает значительное влияние на общую стоимость сварки и складывается из общих накладных расходов и расходов по транспорту и перемещению свариваемых частей, по погашению стоимости сварочных устройств и орудий и по замене изнашиваемых частей. При сварке в накладку значительную часть накладных расходов представляет износ электродов. Естественно, что наиболее совершенное оборудование дает наилучшие экономические результаты и в этой отрасли техники обработки металлов.

Расход энергии и времени при сварке методом сопротивления.

Потребная сила тока легко определяется для сварки в стык и сварки пунктиром на основании опытных данных для каждого данного сечения и рода материала; она находится в обратно-пропорциональном отношении со скоростью сварки. Чем медленнее может быть произведена работа, тем меньше будет потребная сила тока; и обратно, чем быстрее желательно нагреть металл до требуемой температуры сварки, тем больше должна быть сила тока. Общее количество энергии, расходуемой на сварку, будет одно и то же в каждом случае, но в последнем случае потребуется трансформатор больших размеров.

В табл. I и II приведены данные о продолжительности сварки и силе тока при сварке в стык железа и стали различных поперечных сечений.

Таблица I.

Мощность и продолжительность нагрева при сварке в стык железа и стали (по Cravens'у).

Площ. попереч. сечен. кв. дюйм.	Сила тока киловатт.	Продолжительность нагрева в секунд.	Лош. силы.
0,25	6,0	20	8,0
0,50	10,0	28	13,5
0,75	13,0	35	17,5
1,00	18,75	40	25
1,50	29,5	44	39,5
2,00	33,0	57	44,0
2,50	38,0	63	50,0
3,00	43,5	70	58,5
4,00	56,3	80	76,0
5,00	61,7	90	83,0
6,00	69,0	98	92,5

Таблица II.

Мощность и продолжительность нагрева при сварке в стык железа.

Диам. полосы дюймы	Площадь поперечн. сечения кв. дюйм.	Мощн. киловатт	Мощн. Динамо HP	Продолжительность нагрева секунды
$^1/_4$	0,05	2	3	3
$^3/_8$	0,11	3,5	5	5
$^1/_2$	0,20	5	7,5	5
$^5/_8$	0,31	7,5	12	10
$^3/_4$	0,44	12	17	15
$^7/_8$	0,60	12	22	18
1	0,79	18	25	20
$1^1/_8$	0,99	25	35	25
$1^1/_4$	1,23	35	50	30
$1^1/_2$	1,77	50	75	40
$1^3/_4$	2,41	65	85	45
2	3,14	75	100	50

При сравнении табл. I и II видно, что сила тока, потребная для сварки сечений с одной той же площадью поперечного сечения, различна вследствие различной скорости сварки.

В табл. III и IV приведены данные о силе тока и продолжительности нагрева, применяемые при сварке латуни и красной меди, которые интересно сопоставить с данными таблицы I.

Таблица III.
Мощность и продолжительность нагрева при сварке в стык латуни.

Площадь поперечн. сечения кв. дюйм.	Мощность киловатт	Продолжительность нагрева секунды	Мощность лош. сил.
0,125	6,0	10	8,0
0,25	12,0	14	15,7
0,375	12,6	17	17,0
0,50	15,0	20	20,0
0,75	25,0	22	33,5
1,00	29,5	28	39,5
1,25	37,0	32	50,0
1,50	43,0	35	52,7
2,00	53,0	40	71,0
2,50	60,0	45	80,0
3,00	60,0	49	88,5

Таблица IV.
Мощность и продолжительность нагрева при сварке в стык меди.

Площадь поперечн сечения кв. дюйм.	Мощность киловатт	Продолжительность нагрева секунды	Мощность лош. с.
0,0625	5,0	5	7,0
0,125	8,5	7	11,5
0,1875	12,0	9	16,0
0,250	18,0	10	24,0
0,375	28,5	11	38,0
0,500	32,0	14	43,0
0,625	37,0	16	50,0
0,75	43,0	18	52,0
1,00	55,5	20	75,0
1,25	61,0	23	82,0
1,50	68,0	25	91,0

Из сопоставления таблиц I, III и IV видно, что потребная мощность будет тем больше, чем меньше сопротивление металла, т. е. чем больше его электропроводность. При одном и том же поперечном сечении для сварки латуни потребная мощность будет меньше, чем для меди, а для железа меньше, чем для латуни.

Таблица V содержит данные о потребной мощности и продолжительности сварки в накладку пунктиром листового железа, в зависимости от толщины материала.

Таблица V.

Мощность и продолжительность нагрева при сварке в накладку точками листового железа.

Толщина в дюймах	Дюймы	Прибл. мощность киловатт	Мощность динамо л. с.	Продолжит. сварк. сек.
0,015625	1—64	5	8	0,3
0,01875	3—160	6	6	0,4
0,025	1—40	7	11	0,5
0,03125	1—32	8	13	0,6
0,375	3—80	9	14	0,7
0,05	1—20	10	15	0,8
0,0625	1—16	12	18	0,9
0,078125	5—64	14	20	1,0
0,109375	7—64	16	23	1,3
0,140625	9—64	18	25	1,5
0,15625	5—32	20	30	2,0
0,17187	11—64	23	34	2,5
0,1875	3—16	25	37	3,0
0,20312	13—64	28	42	4,0
0,21875	7—32	30	45	5,0
0,23437	15—64	33	48	6,0
0,25	1—4	35	53	7,0

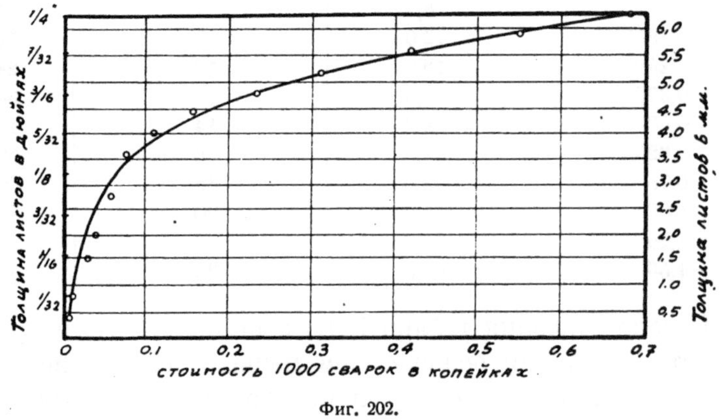

Фиг. 202.

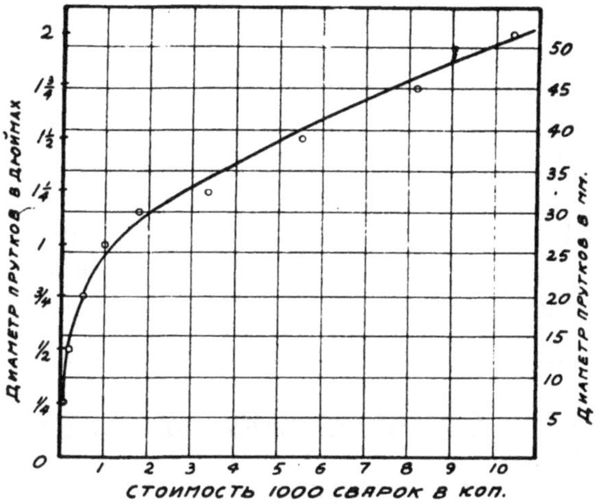

Фиг. 203.

Стоимость электрической энергии, расходуемой при сварке в стык и пунктиром в накладку, может быть определена из диаграммы фиг. 202 и 203. При построении диаграмм стоимость 1 киловатт-час принята равной 1 коп. На самом же деле стоимости энергии будет различна в различных местах,

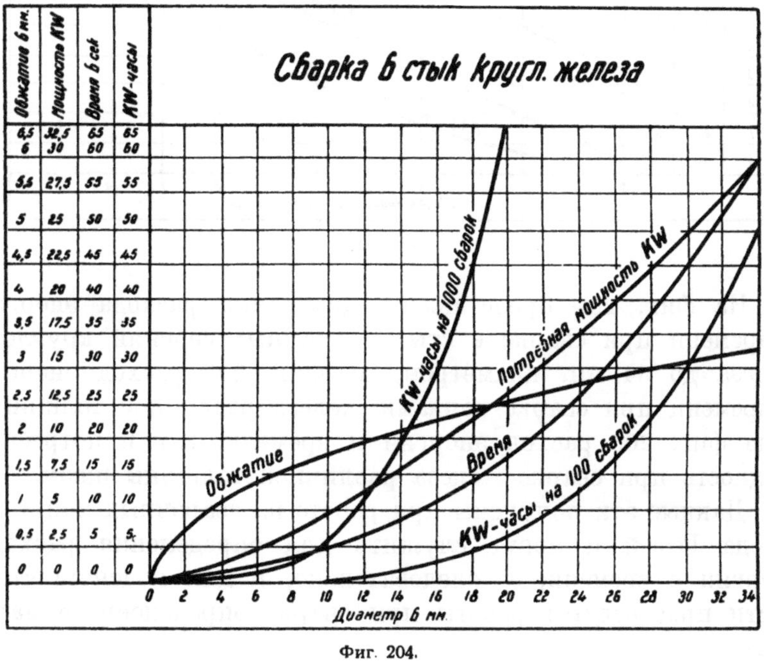

Фиг. 204.

и в каждом данном случае следует помножить значения, полученные из диаграммы, на действительную стоимость электрической энергии, выраженную в копейках за 1 киловатт-час.

Диаграмма 202 дает стоимость электрической энергии при сварке в стык, а диаграмма 203 — при сварке пунктиром в накладку. При построении диаграмм на оси ординат отложена толщина материала, а на абсциссе соответственно стоимость энергии для производства 1000 сварок.

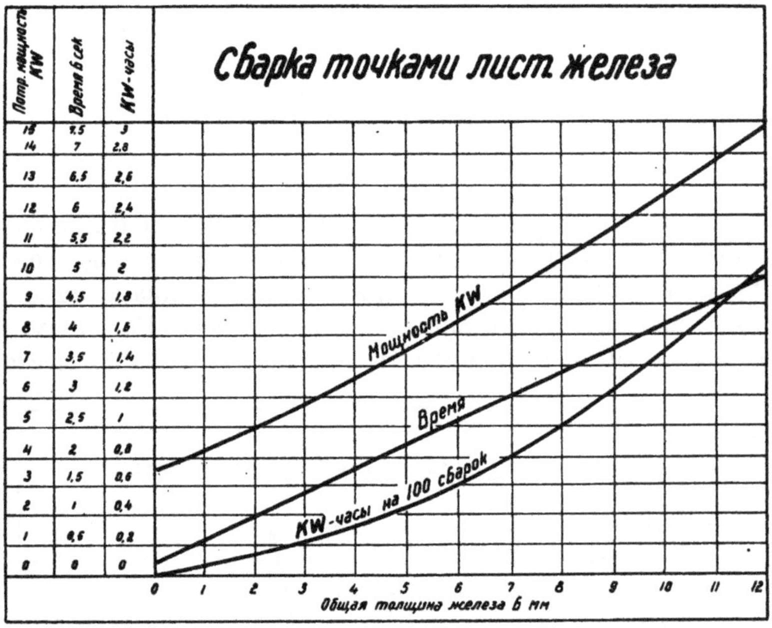

Фиг. 205.

На фиг. 204 представлена диаграмма расхода энергии и времени при сварке в стык различных сечений круглого железа до 34 мм. диаметром, на фиг. 205 расход энергии и времени при сварке точками железа различной толщины, а на фиг. 206 расход энергии и времени, как и потребная мощность при сварке железа различной толщины швом.

Данные эти получены при работе на сварочных машинах завода Гефей и могут служить для определения расхода энергии и времени, а, следовательно, и для подсчета стоимости производства работы при сварке определенного материала.

На фиг. 207 до 209 представлены аналогичные данные завода Deutsche Schweißmaschinen-Fabrik Becker & Co. Для иллюстрации способа пользования этими диаграммами приводим следующие примеры:

Пример 1. Требуется сварить в стык два прутка круглого железа диаметром 32 мм. Сечение, подлежащее сварке, поэтому равно приблизительно 800 кв. мм. Согласно диаграмме фиг. 207 для сварки этого сечения требуется мощность

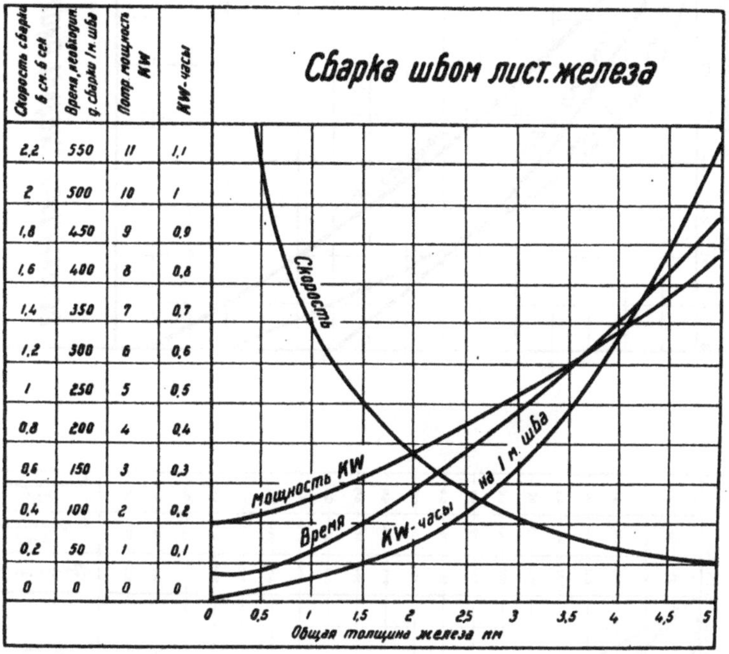

Фиг. 206.

27 киловатт при продолжительности сварки 38 секунд. Если принять стоимость электрической энергии равной 10 коп. за киловатт/час, то получится, что стоимость одной сварки будет:

$$\frac{27 \times 38 \times 10}{3600} = 2{,}85 \text{ коп.}$$

Сто сварок поэтому будут стоить около 2 р. 85 коп. Для сварки требуется машина мощностью 25—35 киловатт.

Пример 2. Требуется сварить точками листовое железо общей толщиной 5 мм., независимо от того будет ли это 2 листа по 2,5 метра толщины, или же, напр., один лист в 2 мм., а другой в 3 мм. толщины.

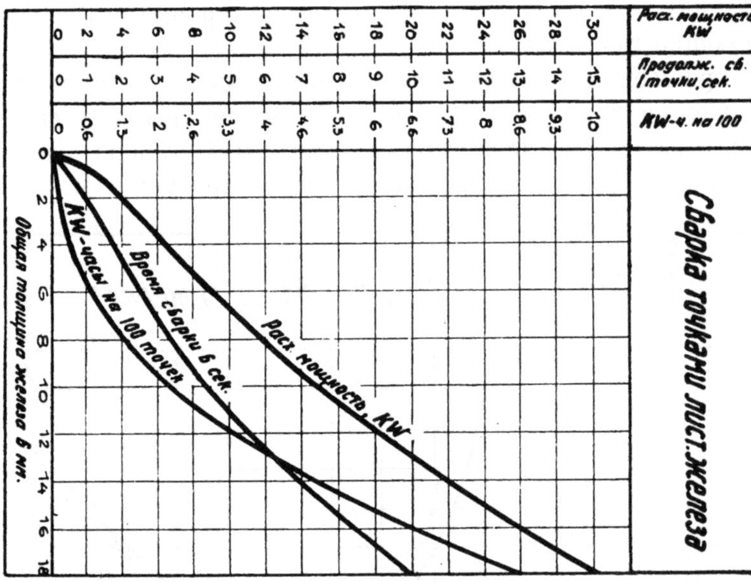

Фиг. 207.

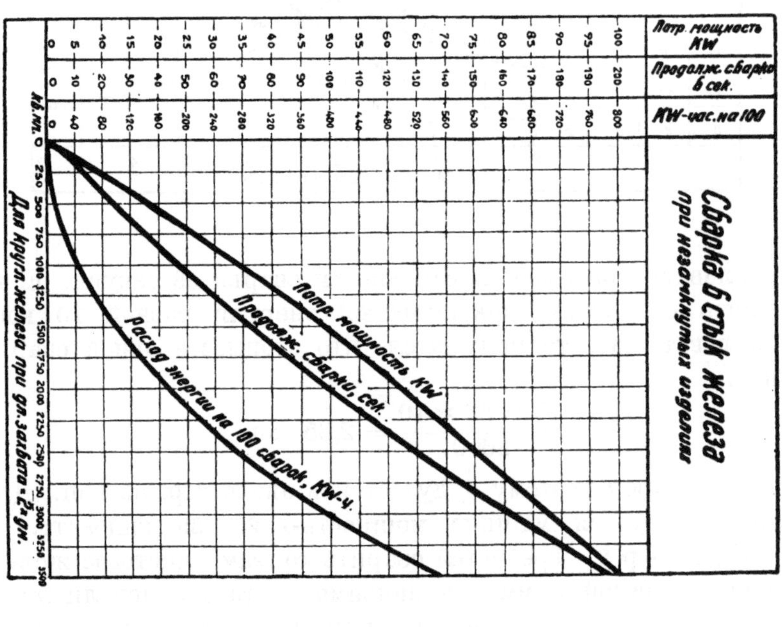

Фуг. 208.

Для сварки одной точки требуется согласно диаграмме фиг. 208 мощность около 7,5 киловатт при продолжительности сварки одной точки около 2 сек. При стоимости электри-

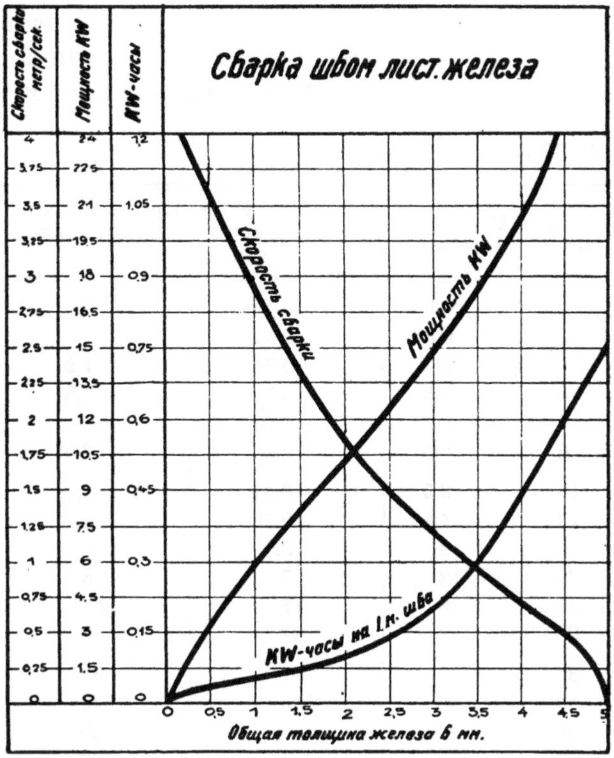

Фиг. 209.

ческой энергии 10 коп. за киловатт/час получается, что сварка одной точки обойдется в

$$\frac{7{,}5 \times 2 \times 10}{3600} = 0{,}4 \text{ коп.},$$

а, следовательно, сварка 100 точек будет стоить около 40 коп. Мощность сварочной машины для производства этой работы должна быть от 8 до 10 киловатт.

Пример 3. Требуется сварить шов длиною 1 метр при общей толщине железа, равной 2 мм. Из диаграммы 209 мы находим, что для этого требуется мощность 10,4 киловатт, при средней скорости сварки, равной 1,8 метра в минуту. Для изготовления 1 метра шва поэтому потребуется 0,08 киловатт/часов. При стоимости электрической энергии 10 коп.

за киловатт/час стоимость электрической энергии поэтому будет равна

$$0,8 \times 10 = 0,8 \text{ коп.}$$

Для сварки потребуется машина мощностью 10—12 киловатт.

Завод Wenninger Elektro-Schweißmasch.-Werke дает следующие таблицы для определения расхода энергии и времени при сварке различных сечений в стык, точками и швом:

а) При сварке в стык:

Сечение, кв. мм.	Диаметр мм.	Мощность киловатт	Расход энергии на 100 сварок килов./час.	Продолжительность сварки, сек.	Число сварок в час
5	2,5	0,5	0,008	0,6	550
10	3,5	0,8	0,02	1	550
20	5	1	0,04	1,5	400
30	6	1,5	0,1	2,5	360
40	7	2	0,16	3	330
50	8	2,5	0,25	3,5	300
75	10	3,5	0,44	4,5	250
100	12	4,5	0,75	6	200
200	16	8	2,7	12	150
300	20	12	7	18	100
500	25	20	17	30	75
750	30	30	37	45	45
1000	36	40	67	60	24
1500	44	50	125	90	18
2000	50	70	235	120	15
3000	60	100	415	150	12
5000	80	150	960	230	8
1000	113	270	1500	400	5

б) При сварке точками:

Общая толщина материала, мм.	Мощность киловатт	Продолжительность сварки одной точки, сек.	Число сварок в минуту	Расход энергии на 100 сварок, килов./час.
0,5	3	0,5	60	0,04
1	4	0,8	40	0,09
2	6	1,2	25	0,2
4	8	2	18	0,45
6	10	3	12	0,83
8	12	4	10	1,33
10	14	5	8	1,95
12	16	6	6	2,76
14	18	7	5	3,5

в) При сварке швом:

Общая толщина материала, мм.	Мощность киловатт	Скорость сварки, метр мин.	Продолжительн. сварки 1 метра сек.	Расход энергии на 100 метров шва, килов. час
0,5	4	3	20	2,2
1	7	2	30	5,8
1,5	10	1,5	40	11
2	12	1	60	20
2,5	14	0,86	70	27
3	16	0,75	80	35

На фиг. 210 представлена диаграмма расхода энергии и продолжительности сварки при сварке в стык различных сечений до 6000 кв. мм., составленная на основании данных Всеобщей Компании Электричества.

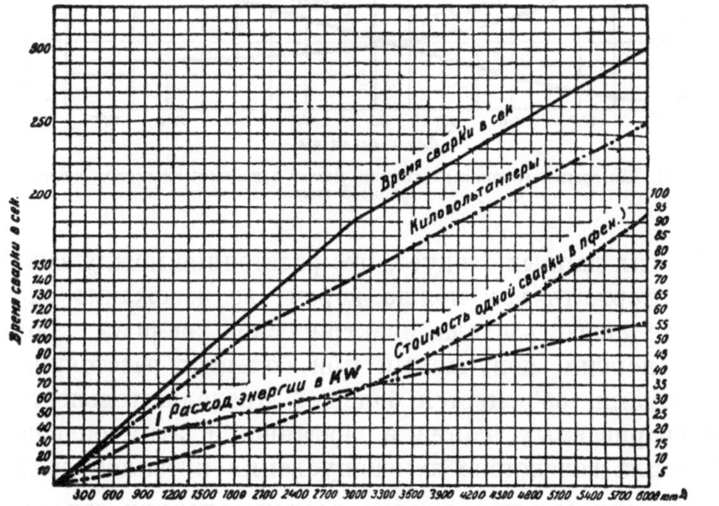

Фиг. 210. Диаграмма расхода энергии при сварке в стык открытых сечений железа по данным A. E. G.

При пользовании вышеприведенными диаграммами нужно иметь в виду то обстоятельство, что значение расхода энергии и времени могут колебаться в значительных пределах.

Так, напр., расход энергии при сварке в стык зависит в значительной степени от расстояния между зажимами и будет тем меньше, чем короче могут быть зажаты свариваемые части. В какой степени расход энергии зависит от расстояния между зажимами, при сварке одинаковых сечений, видно из фиг. 211. Диаграмма эта получена на основании опытов со сваркой квадратного железа сечением 144 кв. мм. при различных расстояниях между зажимами. Из этой диаграммы видно, что при расстоянии между зажимами, равном 10 мм., потребляемая мощность равна около 25 киловатт, при продолжительности сварки около 2,5 секунд, и расход энергии, следовательно, равен 62,5 киловатт/секунд; при расстоянии же между электродами, равном 150 мм., продолжительность сварки равна 20 секундам при расходуемой мощности около 7,5 киловатт и расходе энергии в 150 киловатт-секунд.

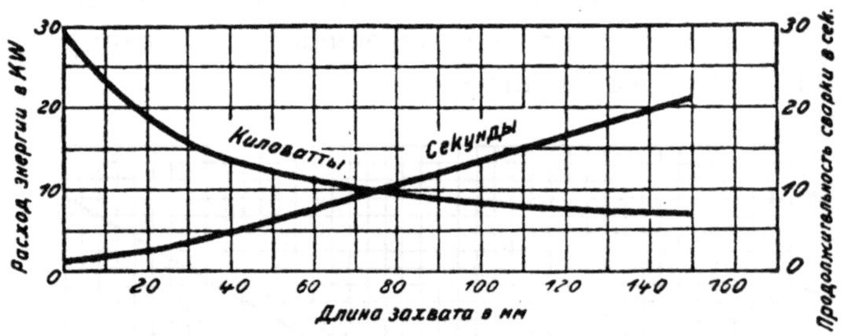

Фиг. 211. Диаграмма влияния разстояния между зажимами на расход энергии при сварке в стык.

Из этих данных следует, что расстояние между зажимами следует держать как можно короче во избежание слишком расточительного расхода электрической энергии. Больший расход энергии, получаемый при большем расстоянни между зажимами, об'ясняется большей продолжительностью нагрева свариваемых частей и связанной с этим большей потерей тепла вследствие лучеиспускания и теплопроводности.

Вышеприведенные данные расхода энергии относятся во всех случаях (кроме оговоренных особо) к сварке железа ввиде открытых (незамкнутых) изделий. При сварке других металлов, отличающихся лучшей электропроводностью, расход электрической энергии на сварку будет соответственно больший.

При сварке в стык замкнутых сечений, как, например, колец, шин, ободьев и цепных звеньев расход энергии на 20—30% больше, чем при сварке открытых сечений, вследствие того, что часть сварочного тока направляется не через место сварки, а по замкнутому сечению.

Чем меньше диаметр замкнутого изделия, тем меньше будет сопротивление замкнутой части и тем больше будет общее количество электрической энергии, потребное для сварки. Это иллюстрировано в виде диаграммы, представленной на фиг. 212.

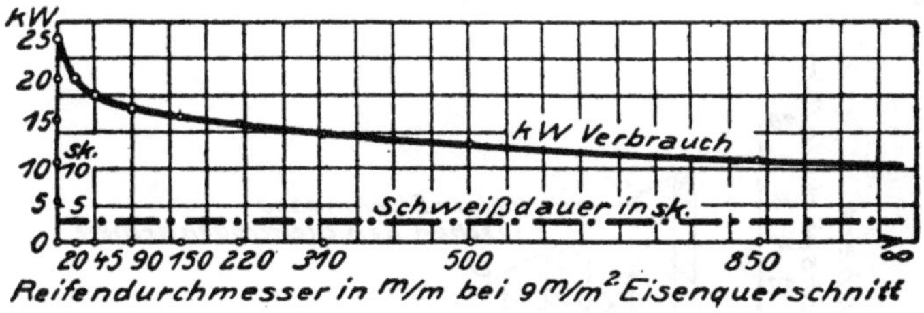

Фиг. 212. Диаграмма расхода энергии при сварке в стык замкнутых изделий.

Диаграмма эта составлена на основании опытных данных, полученных при сварке колец различного диаметра из материала 9×9=81 кв. мм. Из этой диаграммы видно, что, например, для сварки кольца диаметром 20 мм. потребуется 20 киловатт при продолжительности сварки равной 6 сек., следовательно, расход энергии равен 120 киловатт/сек.; при сварке же кольца диаметром 850 мм. расходуется всего мощность 10 килов. в течении 4,5 сек., а, следовательно, расходуется 45 кил./сек. на сварку. Разница в 75 кил./сек. затрачивается непроизводительно, вследствие того, что часть электрической энергии направляется по параллельно включенному замкнутому сечению свариваемого изделия.

Влияние величины вылета и массы материала между электродами на производительность.

С увеличением вылета электродов сварочных машин производительность работы соответственно падает, с другой стороны, требуется непропорционально больше электрической энергии, когда между держателями электродов находятся значительные массы. Влияние величины вылета и массы материала на производительность работы представлена в виде диаграммы на фиг. 213. Линия A-D показывает, в какой степени производительность машины для сварки точками мощностью 25 киловатт падает, с увеличением вылета электродов при сварке тонкого материала, в то время как линия A-B дает представление об уменьшении производительности при сварке более тяжелых железных масс. Диаграммы показывают, что при вылете 1200 мм. могут быть еще сварены при помощи этой машины сечения с общей толщиной материала до 11 мм., в то время как более толстые сечения вообще уже не могут быть сварены при вылете в 1200 мм.

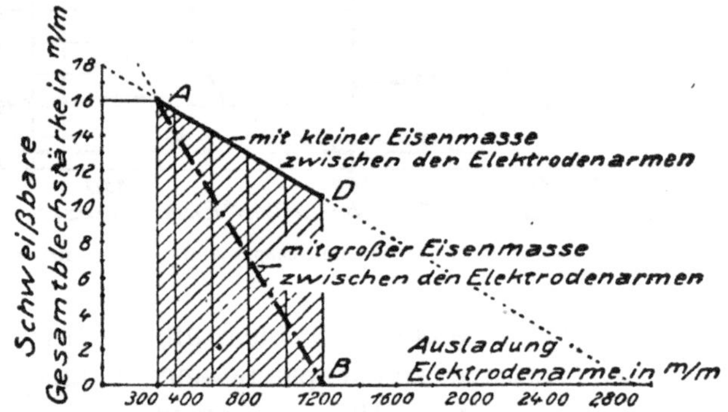

Фиг. 213. Влияние величины массы железа между держателями электродов при сварке точками и швом.

Расход электродов.

Расход электродов, т. е. меди, является существенным фактором, влияющим на стоимость сварки. При сварке в стык медные зажимы страдают весьма незначительно; при сварке швом расход электродов может быть значительно понижен при применении описанных выше зажимных роликов, между которыми прокатываются роликовые электроды во время их вращения.

Хорошее охлаждение не мало способствует долговечности электродов. Для уменьшения расхода электродов при сварке точками, последние снабжаются с'емными колпачками, толщиною в несколько милиметров, которые легко могут быть заменены новыми после их изнашивания.

Сравнение стоимости горновой сварки и электрической сварки в стык.

Выгодность электрической сварки по сравнению с горновой сваркой можеть быть иллюстрирована следующими примерами:

а) В течение восьмичасового рабочего дня было сварено электросваркой в стык 120 штук тяговых приборов при толщине материала 25 мм. (поперечное сечение 490 кв. мм.). При этом было израсходовано всего 20 киловатт/часов.

На основании закона Джоуля и Ленца мы имеем:

$W = 0{,}24 \cdot J^2 \cdot R \cdot t$; по закому Ома $E = J \cdot R$, так что

$W = 0{,}24 \cdot J \cdot E \cdot t$; но $J \cdot E \cdot t$ = килов./час $\times$ 3600 и

W = килов./час $\times$ 3600 $\times$ 0,24 = килов./час $\times$ 864.

Расходованная электрическая энергия по вышеприведенному примеру, следовательно, соответствует:

$$W = 20 \times 864 = 17\,300 \text{ килогр.-калориям.}$$

С другой стороны, при огневой сварке таких же 120 тяговых приборов было израсходовано 120 кг. угля. Если принять теплопроизводительную способность лучшего кузнечного угля равной 7500 калориям и расход электрической энергии на доставку дутья равным 8 киловатт/часов в смену, то получим, что при горновой сварке было израсходовано

$$7500 \times 120 + 8 \times 864 = 907\,000 \text{ килограмм-калорий,}$$

т. е. приблизительно в 52 раза более, чем при электрической сварке.

б) Для сварки 400 штук шин для колес с сечением металла, равным 550 кв. мм., было израсходовано всего 90 киловатт/часов. Сварка всех 400 шин была произведена одним человеком в десятичасовый рабочий день. Стоимость электрической энергии при цене 10 пфен. за киловатт/час составляет поэтому 9 марок. При стоимости сварочной установки равной 3000 марок, процентирование ее в размере 15% дает 1,50 мар. Сварщику было уплочено 4,5 марок, следовательно, общая стоимость сварки 400 шин составляет 15 мар.

При горновой сварке потребуется 33 часа при одном кузнеце и одном молотобойце.

Стоимость одного кузнеца равна	33 часа $\times$ 60 пфен.	= 19,80 марок
Стоимость одного молотобойца равна	33 „ $\times$ 40 „	= 13,20 „
Стоимость угля, считая по 100 кг. в день, т. е. всего 330 кгр.		= 12,— „
	Всего	45 марок

Разница стоимости поэтому получается весьма значительная.

Расход тепла при электрической сварке также значительно ниже, чем при горновой сварке.

Так в предыдущем примере израсходовано всего 90 киловатт/часов, что соответствует

$$90 \times 864 = 77\,760 \text{ кг./калорий.}$$

При горновой же сварке расходуются 330 кг. каменного угля, каковое количество при теплопроизводительной способности угля, равной 7500 калориям, соответствует 2 475 000 кг./калориям, т. е. около 30 раз более, чем при электрической сварке. К этому еще следует прибавить расход электрической энергии на получение дутья для кузнечного горна. Из этих примеров видно, что электрическая сварка, помимо дешевизны, приводит к значительной экономии топлива.

Этот малый расход тепла при электрической сварке по методу сопротивления по сравнению с горновой сваркой об'ясняется тем, что при горновой сварке нагрев распространяется на значительно большую часть изделия, чем при электросварке, а кроме того значительными потерями тепла в отходящих печных газах и на лучеиспускание.

При электрической сварке по методу сопротивления нагреванию подвергается лишь весьма ограниченная часть изделия, теплота, так сказать, концентрируется для нагревания весьма небольшой массы металла, причем это нагревание производится весьма быстро, благодаря чему потери тепла на лучеиспускание и теплопроводность весьма незначительны.

До какой степени достигается концентрация тепла в месте сварки, можно судить по тому, что, например, после сварки прутка круглого железа около 20 мм. диаметром, последний может быть взят голыми руками на расстоянии около 100 мм. вправо и влево от места зажатия без опасности ожога рук.

Предельные размеры материала для сварки меттодом сопротивления.

Теоретически не существует пределов для размеров толщины металла при сварке по способу Томсона, так как можно себе представить, что любое сечение может быть нагрето при выборе соответствующей силы тока и продолжительности нагрева. Однако, при увеличении продолжительности нагрева нужно принять во внимание, что потеря тепла на лучеиспускание может сделаться весьма существенной. С другой стороны, теряется значительное количество тепла, вследствие необходимости искусственного охлаждения электродов и зажимов водой или сжатым воздухом.

Вследствие этого практикой установлены определенные предельные размеры для толщины металла при сварке пунктиром, как и для площади поперечного сечения брусков при сварке в стык, обусловленные чрезмерным нагревом электродов и зажимов.

В Америке успешно были сварены 3 листа железа, наложенные друг на друга, при толщине каждого листа в 25 мм., а всего 75 мм. толщиной. [1])

Для сварки в стык в Германии успешно применялся способ Томсона для сечений до 8000 кв. мм. [2]), в то время как в американской литературе встречаются указания на сечения до 5000 кв. мм.

Нужно думать, что в этом направлении техника еще сделает значительные успехи, как только будет найден соответствующий материал, обладающий хорошей электропроводностю и стойкий в отношении механических качеств при высокой температуре.

Глава XI.

Прочность сварки методом сопротивления.

Результаты механического испытания.

В первое время после введения сварки по способу Томсона были жалобы на то, что сварка в стык отличается губчатым строением и слабостью. Еще в 1898 г. в Уотертаунском Арсенале в Америке были проделаны опыты со сваркой различных металлов, на основании которых были сделаны следующие выводы:

1. При сварке стали со сталью прочность сварки равна 20—50% прочности исходного материала.

---

[1]) См. J. Sauer, Elektrotechn. Zeitschr. 28. Febr. 1920 г.

[2]) См. Meerbach, K., St. u. E., 2. Sept. 1920, стр. 1177.

2. При сварке железа и стали прочность сварки была равна прочности железа.

3. При сварке меди прочность сварки была равна 90 до 95% исходного материала.

4. При сварке латуни и сварочного железа были получены очень неопределенные результаты и малая прочность.

Опытность сварщика сильно сказывается на результатах сварки. Окислы, образующиеся при сварке в стык, обычно выжимаются вполне при нажатии и могут быть удалены при снятии утолщения в месте сварки шлифовкой. При слишком большом нагреве, который может получиться, либо вследствие слишком большой продолжительности нагрева, либо чрезмерной силы тока, металл может быть ослаблен в области сварки.

В настоящее время можно считать, что при надлежащем выполнении работы прочность сварки в стык по способу Томсона должна быть не менее 75% при толстом материале и около 95% — при тонком, при условии, что получаемое при сварке утолщение будет снято шлифовкой до диаметра полосы; если же по конструктивным соображениям место сварки может быть оставлено толще, то прочность соединения может быть доведена до 100% и выше. Прочность соединения может быть несколько увеличена проковкой после сварки, если только свариваемое железо не содержит слишком много углерода и кремния.

При правильном нагреве металл не повреждается ни при сварке в стык, ни при сварке в накладку; степень нагрева может быть контролирована весьма легко.

Опыт Америки в деле применения электросварки при постройке железнодорожных вагонов показал, что вагоны, сваренные электричеством по способу Томсона в накладку (пунктиром), выдерживают легко продолжительную перегрузку в 150%.

Jul. Sauer[1]) приводит следующие примеры испытания сравнительной прочности склепанных швов и сваренных точками по методу сопротивления.

---

[1]) См. J. Sauer, Elektrisches Schweißen, стр. 15.

Число соединений		Разрывная нагрузка	
Клепка	Сварка	Клепка	Сварка
1 } 1	1	142 } 182	284
2	2	325	509
3	3	485	645
4	4	710	1185
5	5	727	1575

Средняя разрывная нагрузка при клепке поэтому равна 151 кг., а при сварке 280 кг. на каждое соединение. Для сварки употреблено декапированное железо.

Пробы имели следующие размеры:

Толщина	0,7 мм.
Длина каждой половины	120 мм.
Длина целого образца	200 мм.
Ширины образца	70 мм.
Диаметр заклепок	2,5 мм.
Диаметр сварки	3 мм.

Соединение было сделано в нахлестку.

Проф. P. Schimpke[2]) дает следующие цифры для сравнения прочности горновой сварки и электросварки методом сопротивления в стык:

Способ сварки	Сопротивление разр. в % прочности исходного материала	Удлинение сваренного образца в % удлинения исходного материала
Горновая сварка . . .	92,2—96	82—86
Электросварка мет. сопр.	85,2—99,6	89,3—87,3

Пробы на изгиб могут служить для суждения о вязкости места сварки. Если пробы выдерживают изгиб на 180°, то это является признаком хорошей сварки. На фиг. 214 представлены различные пробы, сваренные в стык, которые могут служить для суждения о качествах сварки в стык по методу сопротивления.

Что касается прочности швов, сваренных по методу сопротивления, то при хорошем исполнении работы она превосходит все другие способы соединения тонкого листового материала.

---

[2]) См. P. Schimpke, Neuere Schweißverfahren, стр. 46.

Блестящим доказательством доброкачественности сварки швом служит то обстоятельство, что цилиндры, или конические трубчатые изделия, сваренные по образующей на сварочной машине с роликовыми электродами, выдерживают суровую деформацию на давильном станке без повреждения шва, как это видно из фиг. 215. Особенно прочные, чистые и годные для этой цели швы получаются на машинах, работающих по принципу прерывистого движения роликовых электродов, а также снабженных автоматическими регуляторами.

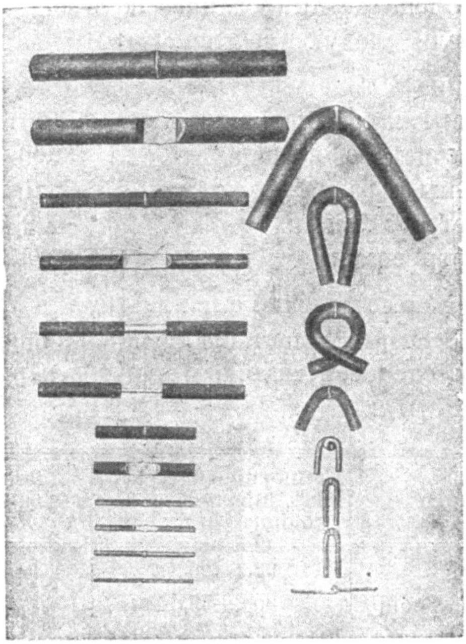

Фиг. 214. Пробы, сваренные в стык по методу сопротивления.

На основании американской практики можно сказать, что при применении электричества для сварки швов в деле вагоностроения (сварка пунктиром) время изготовления сократилось на 30%. Удешевление конструкций, достигаемое благодаря применению электросварки, является также в значительной степени результатом уменьшения веса конструкции, доходящее до 20% (на одни заклепки приходится около 5% общего веса сооружения).

При изготовлении менее ответственных частей удешевление работы достигает 60% в то время, как при изготовлении очень плотных соединений оно равно приблизительно 25%.

Изменение структуры металла при электросварке.

Степень нагрева металла при электросварке может быть легко контролирована в особенности при сварке в стык. Вследствие этого опасность перегрева или пережога металла почти исключается. При сварке точками с применением автоматических выключателей тока степень нагрева металла также может быть регулирована весьма точно.

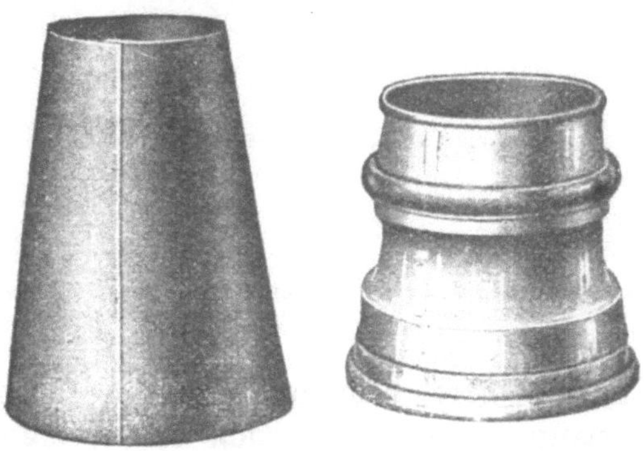

Фиг. 215. Сваренные швом трубчатые изделия выдерживают суровую деформацию на давильном станке.

Так как свариваемые части во время нагревания прижаты друг к другу или же зажаты между электродами, то этим почти исключается возможность окисления металла во время нагревания.

Помимо сего при нагревании электрическим током металл не приходит в контакт с какими либо посторонними элементами, которые могли бы оказать вредное влияние на свойства металла, или вызвать какие либо химические изменения в металле.

Вследствие этого нагревание металла при помощи электрического тока наиболее соответствует металлургическим требованиям.

Структура металла в месте сварки, как это установлено различными металлографическими исследованиями, носит вполне нормальный характер, как это видно из фиг. 216.

При сварке в стык сечений до 25 мм. диаметром степень нагрева металла можно считать вполне одинаковой во всех точках сечений, при бо́льших сечениях есть основание предполагать, что в средней части сечений металл может нагреться до бо́лее высокой температуры, чем в точках, лежащих ближе к поверхности металла, и что поэтому может иметь место некоторый перегрев металла в осевой части сечения,

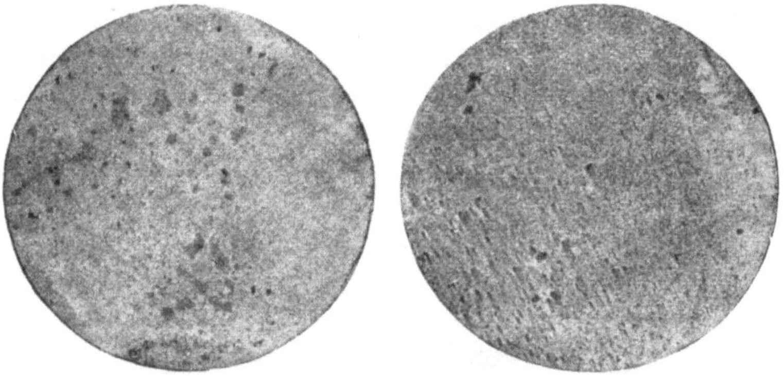

Фиг. 216. Влияние электрич. сварки в стык на структуру металла: a) слева — шлиф металла вне места сварки; b) шлиф металла в месте сварки.

который не может быть контролирован сварщиком, наблюдающим нагревание наружного слоя свариваемого изделия.

При сварке в стык по методу оплавления нагревание происходит значительно быстрее, вследствие чего и неравномерность нагрева металла в различных точках свариваемого сечения доводится до минимума. Ввиду этого надо полагать, что сварка в стык методом оплавления получит весьма широкое применение.

Типография Макс Шмерзов, Кирхгайн Н.-Л.

Bei Fragen zur Produktsicherheit wenden Sie sich bitte an:
If you have any questions regarding product safety,
please contact:

Walter de Gruyter GmbH
Genthiner Straße 13
10785 Berlin
productsafety@degruyterbrill.com